サンヌ・ブラウ
桜田直美〔訳〕

数字を見たときに
ぜひ考えてほしいこと

The Number Bias
How Numbers Lead and Mislead Us

By Sanne Blauw

サンマーク出版

母に捧げる

はじめに

「数字は確か」と信じて疑わない人類に贈る数字の話

彼女は引き戸を開け、埃っぽいオフィスに入ってくると私の手を握った。「フアニータです」[1]

色のあせたセーターはぶかぶかで、元々小柄な彼女がさらに小さく見える。

フアニータが折りたたみ椅子に腰を下ろし、2人で向かい合って座ると、私はスペイン語でこのインタビューの説明をした。

私はそのとき、オランダの大学の研究のために、ボリビア人の幸福度と収入格差を調べていた。フアニータには、自身の生活や国について、いくつかの質問に答えてもらう。こうやって説明をする相手は彼女が初めてではなかった。私は10日前から、アルゼンチンとの国境に近いここタリハで、住民を対象に連日同じようなインタビューを行っていた。女性の証券トレーダーから話を聞き、イチゴ農家と一緒にビールを飲み、家族連れのバーベキューにも参加した。すべてはできるだけたくさん情報を集めるためだ。

そして今、私は山のような質問項目を抱えて、ある女性団体のオフィスにやってきた。団体の責任者から、よその家庭の中で働く女性を紹介してもらうことになっていたからだ。ファニータもそのうちの1人だ。

「それでは始めましょう」と私は言った。「年齢を教えてください」

「58歳です」

「どの民族に属していますか？」

「アイマラ族です」

なるほど、と私は思った。アイマラ族は先住民族の1つだ。先住民の話を聞くのは彼女が初めてだった。

「ご結婚は？」

「独身です」

「字は読めますか？」

「読めません」

「書くことはできますか？」

「いいえ」

私の質問は、だいたいこの流れで進んでいった。職業は？　教育は？　携帯電話、冷蔵庫、テレビは持っているか？

「収入は月に200ボリビアーノです」

私が収入について尋ねると、ファニータはそう答えた。ボリビアでは最近、エボ・モラレス大統領が最低賃金を815ボリビアーノと定めたが、ファニータの収入はそれをはるかに下回っている。

「でも、お給料を上げてほしいと言ったら、クビになってしまうかもしれません。私は『カルピタ』に住んでいるんです」

私は意味もわからないまま、「カルピタ」という単語をノートに書いた。後で調べたところ、「テント」という意味だった。

そしていよいよ、この調査の本来の目的である質問に移っていった。それは「幸福度」と「収入格差」だ。

エラスムス・ロッテルダム大学の11階にある私の研究室に入ると、デスクの後ろの壁にパワーポイントで作った5つの図表が貼ってあるのが見える。それぞれが異なる所得分布を表している。

ボリビアで調査を始めたその日のうちに、収入格差を調べるために用意した質問が役に立たない場面があると気づいた。

たとえば証券トレーダーは、所得分布の図表の読み方が理解できなかった。証券トレーダーでさえそうなのだから、読み書きのできないファアニータなら、なおさらだろう。私はこの質問を飛ばすことにした。

ところが、次の質問に移る前に、ファアニータが自分から話し始めた。「ボリビアの問題が何だかわかりますか？」。彼女は背筋をまっすぐ伸ばして座っている。

「それは、貧乏人が大勢いて、お金持ちがほんの少ししかいないことです。しかも、貧乏人とお金持ちの差は大きくなるばかりです。この国では人々がお互いを信用しなくなっているけれど、この状況ではそれも当然でしょう？」

彼女は図らずも、5つの図表のうちの図表Aが意味することを、自分の言葉で説明していた。そしてその過程で、これから尋ねようと思っていた2つの質問にも答えていた。それは、「彼女自身の将来の見通し」と「国民の信頼感」だ。

私は完全にファアニータを過小評価していた。恥ずかしさで思わず顔が赤くなったが、何事もなかったかのように質問を続けた。ついに最後の質問だ。

「自分の幸福度に1点から10点で点数をつけると、何点になりますか?」

「1点です」

「5年後はどうなっていると思いますか?」

「1点です」

「テント暮らし」の点数

私が数字に疑いの目を向けるようになったのは、おそらく2012年のこのインタビューがきっかけだったのだろう。

それまでの私は、ただ数字を消費するだけの存在だった。新聞で読んだり、テレビで見たりする数字をそのまま受け入れていた。大学で計量経済学を学んでいたときは、教授から数字の書かれた資料を渡してもらい、世界銀行のような組織の公式サイトの数字をダウンロードしていた。

しかし今回は、すでにできあがっているスプレッドシートは存在しない。誰かから与えられるのではなく、私が自分で数字を集めなければならなかった。当時は博士課程の1年生で、数字は私の専門だった。

しかしファニータと話したことで、私の信念は揺らぐことになる。私は彼女の幸福度を数値化しようとしていた。しかし、**テントで暮らさなければならない人生を、数字で表すことなどできるだろうか？**

収入格差に関する彼女の意見を聞いても、私にできるのは、A、B、C、D、Eの図表から、彼女の状況に近いものを選ぶことだけだ。

彼女が私に語ってくれたことのほとんどは、数値化することはできないが、だからといって無視していいものでもない。

ファニータに教わったことは他にもある。それは、**私自身が数字に強い影響を与えていた**ということだ。

人間の人生で「幸福度」が大切だと判断したのは私であり、**幸福度は数値化されるべきだと判断したのも私**だ。図表を使ってこの抽象的な質問をするという手法を選んだのも私だ。それに私は、ファニータの知能を過小評価し、収入格差のような質問には答えられないだろうと決めつけていた。

そう、すべて私の判断だ。私以外の研究者であれば、たとえ同じ質問事項を使って調査を行っていても、まったく違う結論に達したかもしれない。

数字は本来、客観的であるはずだ。しかし私は、急に確信が持てなくなってきた。**数字もまた、それを扱う研究者の思い込みや偏見を反映しているのだ。**

ファニータへのインタビューが終わると、私はそのデータをエクセルの80列目のセルに書き込んでいった。年齢は58歳。月収は200ボリビアーノ。幸福度は1。こうやって数字にすると、それまで研究のためにダウンロードしてきた他のエクセルファイルと同じように、きれいにまとまって見える。

しかし、そのとき私は気がついた。エクセルの枠をきれいに埋めた数字たちには、大きな誤解を与える力もあるのだ。

すべてが「数字」で決まる世界

私はまだよちよち歩きの頃から数字オタクだった。

数のかぞえ方を覚えると、すぐに数字のついた点と点を結んで絵を描く子ども用の本に夢中になった。いちばん古い記憶の1つは、家族でドイツのシュヴァルツヴァルト（黒い森）に出かけたときのことだ。私は旅行の間ずっと、飽きもせず数字を線でつなぎ、雪だるまや雲をいくつも描いていた。

その数年後、祖父母からラジオのついた目覚まし時計をもらった。私は夜になると、ベッドに寝転がりながらLEDの時計の数字をじっと眺め、頭の中であらゆる組み合わせの足し算を延々と計算していた。学校でいちばん得意な科目は数学だった。

大学では計量経済学を学び、博士号を取得した。経済モデルの裏にある統計学はすべてマスターした。計算し、分析し、プログラムも書いた。

考えてみれば、幼い頃とやっていることは変わらないのかもしれない。私は相変わらず、点と点を結んでパターンを見つけようとしていた。

しかし、数字は私の人生で「別の役割」も演じている。

たとえば私は、数字のおかげで自分の立ち位置を見つけることができた。5歳から26歳までは、学校の成績が自分を評価する基準だった。成績が悪ければがっくりと落ち込み、成績がいいと有頂天になる。試験が終わったら覚えたことをすぐに忘れてしまっても関係ない。平均していい点を取っていればそれで問題なしだった。

そして学校の外でも、数字は私のよりどころだった。ボリビアから戻ると、私は体重計に乗った。56キロ。私の身長で計算すると、BMIは18・3になる。悪くない数字だ。

数字を基準に物事を判断するのは私だけではない。たとえば大学の同僚たちも、科学の専門誌に発表した論文の数によって昇進が決まる。母が働く病院では、毎年発表される「優良病院１００」のリストに入るかどうかがまさに死活問題だ。そして父は、65歳の誕生日に定年を迎えることになっている。

後になって気づいたのだが、ファニータとの会話は、これらの数字の裏にあるとても大切なことを教えてくれた。

私自身が自分で集めた数字に意味を与えていたように、**多くの人が基準として活用している数字も、どこかの誰かが意味を与えたもの**なのだ。

学校の成績は、先生や教授が計算して決めている。適正なＢＭＩという基準は医師が決めたものだ。そして働くのをやめる年齢は政府が決めている。

数はそれだけで「真理」に見える

２０１４年に博士号を取得すると、私はジャーナリズムの世界に進むことにした。

この決断も、ファニータと話したことがきっかけだった。**数字の裏にある物語のほうが、数字そのものよりもずっと興味深い**ことに気づいたのだ。

私は「Correspondent」というオンラインメディアで、数字専門の記者として働き始めた。私の仕事は、**さまざまな数字が生まれるしくみ**を読者に説明することだ。それに加えて、この社会で数字が持っている影響力に疑問を投げかけたいとも考えていた。今のような数字万能主義は、そろそろ終わりにすべきではないだろうか？

仕事を始めると、私の主張はすぐに多くの共感を呼んだ。読者からは、実態を反映していない世論調査や根拠の怪しい科学、誤解を招くようなグラフなどの例がたくさん送られてきた。考えてみれば私自身も、博士課程の研究で同じような間違いをたくさんしている。学会での発表や論文を冷静に思い返すと、実態を反映していないサンプルを選んだり、相関関係と因果関係を混同したりしていた。

ジャーナリストとして働き始めると、**世の中で使われている数字にもまったく同じ穴があること**がわかってきた。私たちジャーナリストが世界を解釈するときに使う数字や、議員が政策を決めるときに使う数字、医師が診断を下すときに使う数字も、決して完全に正しいわけではない。

この世界は、ウソの数字にあふれている。

数字にまつわる気がかりなことは他にもある。

たとえば、ある種の幼稚園では、1歳の子どもの成績表を親に渡しているという。警官がノルマを達成するために、わざわざ違反を見つけて罰金を徴収するのも問題だ。また、ウーバーの運転手は、利用者の評価によってクビになることもあるという。

私にもだんだんわかってきた。年金支給開始年齢、フェイスブックのクリック数、GDP、平均年収――そういった数字が、世界のあり方を決めてしまっているのだ。

そして、数字の力はますます強くなる一方だ。ビッグデータのアルゴリズムは、公共でも民間でも大きく勢力を広げている。もはや物事を決めるのは、人間ではなく数学モデルだ。

まるで私たち人類は、数字によって集団催眠にかかってしまったかのようだ。言葉であれば、それが発せられた瞬間からまるで重箱の隅をつつくようにあら探しをするのに、**相手が数字となると、ただ数字であるというだけでほぼ無条件に信じてしまっている。**

ジャーナリストになって数年がたった頃、私は数字の影響力があまりにも大きすぎると感じるようになった。私たちの人生は、ほぼ数字に左右されてしまっている。数字の間違った使われ方を、このまま放置するわけにはいかない。

そろそろ数字の独裁に終止符を打つべきだ。

モノの見方を一度「真っさら」にする

とはいえ、誤解しないでほしいのだが、これは数字に反対する本ではない。数字も言葉と同じで、それ自体は中立だ。数字で問題が起こるのは、数字の裏にいる人間が悪さをするからだ。

私はこの本で、数字を悪用する人間や、数字を誤解する人間に焦点を当てている。彼らはなぜ間違えるのか？　その間違いの裏には、どんな思い込みや意図があるのだろうか？

この本に登場するのは、統計を根拠に人種差別的な学説を主張する心理学者や、怪しいデータを使ってセックスライフに関するベストセラーを書いた研究者、数字を使って何百万人もの命を奪ったタバコ業界の大物といった人たちだ。

それだけでなく、この本は私たち自身についての本でもある。**私たち「数字の消費者」は、あまりにも簡単に数字に影響され、だまされる。**

私たちは数字を根拠に飲むものを決め、食べるものを決め、住む場所を決め、結婚相手を決め、誰に投票するかを決め、ローンを組んで家を買うかを決め、どの保険に入るかを決める。病気になったと判断するのも、治ったと判断するのも数字だ。それに生死さえも数字が決めている。

私たちに選択肢はない。数字には特に興味がないという人であっても、数字に人生を支配されているのだ。

この本の目的は、数字から神秘のベールをはぎ取ることだ。そうすれば、「正しい数字」と「ウソをついている数字」を、誰でも見分けることができるようになる。これでもう、何もわからないまま数字に人生を支配されることはない。数字が自分の人生で演じる役割を、自分で決められるようになる。

私たちはそろそろ、数字を本来あるべき場所に戻さなければならない。必要以上に神聖視するべきではないが、ゴミと一緒に捨ててしまうのも間違っている。

数字本来の役割を論じる前に、まずそもそもの始まりを見ておこう。いったい私たちは、いつ、どこで、数字にこんなに大きな力を与えるようになったのだろうか?

そこで登場するのが、世界でもっとも有名な看護師――そう、フローレンス・ナイチンゲールだ。

The Number Bias

数字を見たときに
ぜひ考えてほしいこと

目次

1 章

数字は「人」を動かす

――数が命を左右する世界の誕生

2章

数字はご都合主義

「IQ」も「平均」も真実を語らない

3章

サンプリングの罠

「異常な集団」が人類代表になる

4章

「コウノトリ」と「赤ちゃん」の不思議な関係

人は、「因果関係」と「相関関係」を混同する

5章

「ビッグデータ」は疑わしい

――21世紀になってもだまされ続ける人類

6章

数字はときに感情的

「バイアス」をなくすのに知識より必要なこと

COLUMN

ブックデザイン　三森健太＋永井里実（JUNGLE）
本文DTP　山中央
編集協力　株式会社鷗来堂
編　集　梅田直希（サンマーク出版）

1章

数字は「人」を動かす

数が命を左右する世界の誕生

彼女は生涯にわたって、あの生きた骸骨を忘れることはないだろう。(1) イギリス人の兵士たちが、腐りかけた木製の折りたたみベッドの上にぐったりと横たわっていた。蛆《うじ》虫が体中を這いまわっている。兵士たちは次々と死んでいった。

フローレンス・ナイチンゲールが働いていたクリミア戦争の野戦病院は、まさに「屠殺場」と呼ぶしかないありさまだった。病院には患者があふれていた。

クリミア戦争はロシア、イギリス、フランス、サルデーニャ、トルコが戦った戦争であり、ナイチンゲールは従軍看護師として戦地に派遣された。1854年の終わりのことだ。

彼女が配属された陸軍病院は、トルコのスクタリ(現ユスキュダル)にあった。現在はイスタンブールと呼ばれている場所の東に位置する街だ。

1日20時間勤務の看護師

ナイチンゲールは看護師長の仕事を任された。しかし、当時のイギリス陸軍病院は非効率きわまりない組織だったために、彼女は患者の看護だけでなく、料理、洗濯、備品の管理など、他にもたくさんの仕事をこなさなければならなかった。勤務時間が20時間になる日もあった。

着任して数週間がすぎると、ナイチンゲールは茶色の豊かな巻き毛をばっさり切った。髪を結う時間がもったいなかったからだ。黒のドレスはだんだんと汚れが目立つようになり、白のボンネットには穴があいた。

やっとのことで食事の時間が取れたときも、食べ物を口に運びながら、外の世界に向けて手紙を書いていた。すべては傷ついた兵士たちの命を救うためだ。

しかし、ナイチンゲールの努力もむなしく、兵士たちは次々と命を落としていった。彼女はシドニー・ハーバート戦時大臣宛てに、たくさんの手紙を書いて窮状を訴えた。なかには「24時間ごとに埋葬が行われています」という、彼女の悲痛な叫びが記されているものもある。

なかでも1855年の2月は、運び込まれた兵士の半数以上が死亡する最悪の月だった。ほとんどの兵士は、戦場で受けた傷ではなく、防げたはずの病気で亡くなっている。下水用の溝がほぼ完全に詰まっていたために、病院の建物の下はまるで大きな汚水だまりのようになっていた。便所から糞尿が、そのまま水のタンクに流れ込んでいた。

この状況を放置しておくことは許されない。

「守護天使」が数字を武器にした

一方その頃、本国イギリスでは、クリミア戦争での苦戦の責任を取り内閣が退陣した。新しく首相に就任したヘンリー・ジョン・テンプルは、戦局の打開に向けて新たな方針を打ち出した。スクタリの死者数を減らすために「衛生委員会」を設立したのだ。そして1855年3月4日、ナイチンゲールがスクタリに着任して4か月後、ついに待ちに待った救援が到着した。

衛生委員会は現場を見ると、状況は「殺人的」であると判断し、すぐに仕事に取りかかった。彼らは25体以上の動物の死体を処分した。その中には、かなり腐敗が進んだ状態で水の供給路をブロックしていた馬の死体もあった。病院の屋根に穴を開けて通気性を確保し、壁に漆喰を塗り、腐った床を取り除いた。

戦争終盤の1856年、スクタリの病院は見違えるような姿になっていた。清潔で、業務が効率化され、死亡率も大幅に低下した。

この改善に貢献したのは、本国から送られた衛生委員会だけではない。ナイチンゲールも大きな役割を果たしている。そもそも彼女の訴えがなければ、衛生委員会がスクタリまで来ることもなかっただろう。イギリスに帰還すると、ナイチンゲールは英雄として迎えられた。イギリス兵の「守護天使」だ。

しかしナイチンゲール自身は、自分の仕事にまったく満足していなかった。スクタリを発った日の日記にこんな言葉を残している。「辛抱強く耐え抜いた私のかわいそうな兵士たち。私はとても悪い母親でした。しかもあなたたちをクリミアのお墓に置き去りにして、こうして帰国してしまうなんて」

彼女は防げたはずの死にずっと悩まされていた。怪我人であふれた病室や蛆虫が、ずっと頭から離れなかった。たしかにスクタリの病院の状況は改善したかもしれない。それでも、陸軍病院の運営はまだまだ理想とはほど遠かった。その結果、救えたはずの命が失われている。

ナイチンゲールは、病院改革のために闘う決意をした。自らの経験、人脈、そして新しく手に入れたスターの地位を利用して、衛生状態の改善が急務であることを広く国民に納得してもらうのだ。

その闘いで、彼女は切れ味鋭い武器を選んだ。それは**「数字」**だ。

「死亡者数」を一瞬でわからせる方法

フローレンス・ナイチンゲールは1820年にイギリスの裕福な家庭に生まれた。父親は進歩的な人物で、女子も男子と同じ教育を受ける権利があると信じていた。そのため、フローレンスと姉のパーセノピーは、物理学、イタリア語、哲学、化学と、充実した教育を受けることができた。

フローレンスは数学も教わり、すぐにその才能を開花させた。幼い頃から数をかぞえることと物事の分類に興味を持ち、7歳になるとリストや図表を豊富に含む手紙を書くようになった。

ナイチンゲールは看護師になってからも数字への興味を失わなかった。１８５６年、当時の国防大臣からクリミアの状況を尋ねられたのは、彼女にとって絶好のチャンスだった。ナイチンゲールはそれから2年ほどかけて、８５０ページにもなるレポートを完成させた。さまざまな数字を駆使し、陸軍病院の問題点を具体的に指摘する内容だった。(2)

彼女がもっとも訴えたかったのは、多くの兵士が予防できる原因で死んでいることだった。負傷による感染症や、病院内の伝染病は、衛生状況を改善すればすべて防ぐことができる。

たとえ平時であっても、陸軍病院の死亡率は、一般の病院と比べてはるかに高かった（兵士は平時であっても陸軍病院で治療を受ける）。実に**2倍の死亡率**だ。ナイチンゲールの考えでは、「年間１１００人の兵士をソールズベリー高原の軍事演習場に連れ出し、ただ撃ち殺すのと同じこと」だった。

たしかに恐ろしい数字だが、それでもナイチンゲールは、数百ページにおよぶレポートの中でこの数字が埋もれてしまうことを心配していた。そこで考えたのが、**カラーのグラフや図表を使って数字を目立たせる方法**だ。

なかでもいちばん有名になったのは、クリミア戦争の2年間を比較する2つの図だ。図の扇形の1切れが、1か月の兵士の死者数を表している。この図を見れば、予防できる原因で亡くなった兵士の数などが一目でわかるようになっている（「中心から青の部分は、予防できる、あるいは緩和できる感染症による死亡を表す。中心から赤の部分は負傷による死亡を表し、中心から黒の部分はその他すべての原因による死亡を表す」といったように色付けされている）。

「グラフ」で世界が一変した

ナイチンゲールはこのようなチャートやグラフを、シドニー・ハーバート元植民地大臣をはじめとする有力者に送った。ちなみにハーバートは当時、陸軍医療に関する王立委員会のトップを務めていた。

また彼女は、自分の分析をメディアにもリークし[3]、さらに作家のハリエット・マルティノーに、一般大衆に向けた軍の医療改革に関する記事を書いてほしいと依頼している[4]。

そしてついに、ナイチンゲールは当局の説得に成功した。1880年代には多くの問題が解決していた。

兵士たちは前よりもいい食事にありつき、体を洗って清潔に保つことができるように

東部の軍における死因および死亡率の図

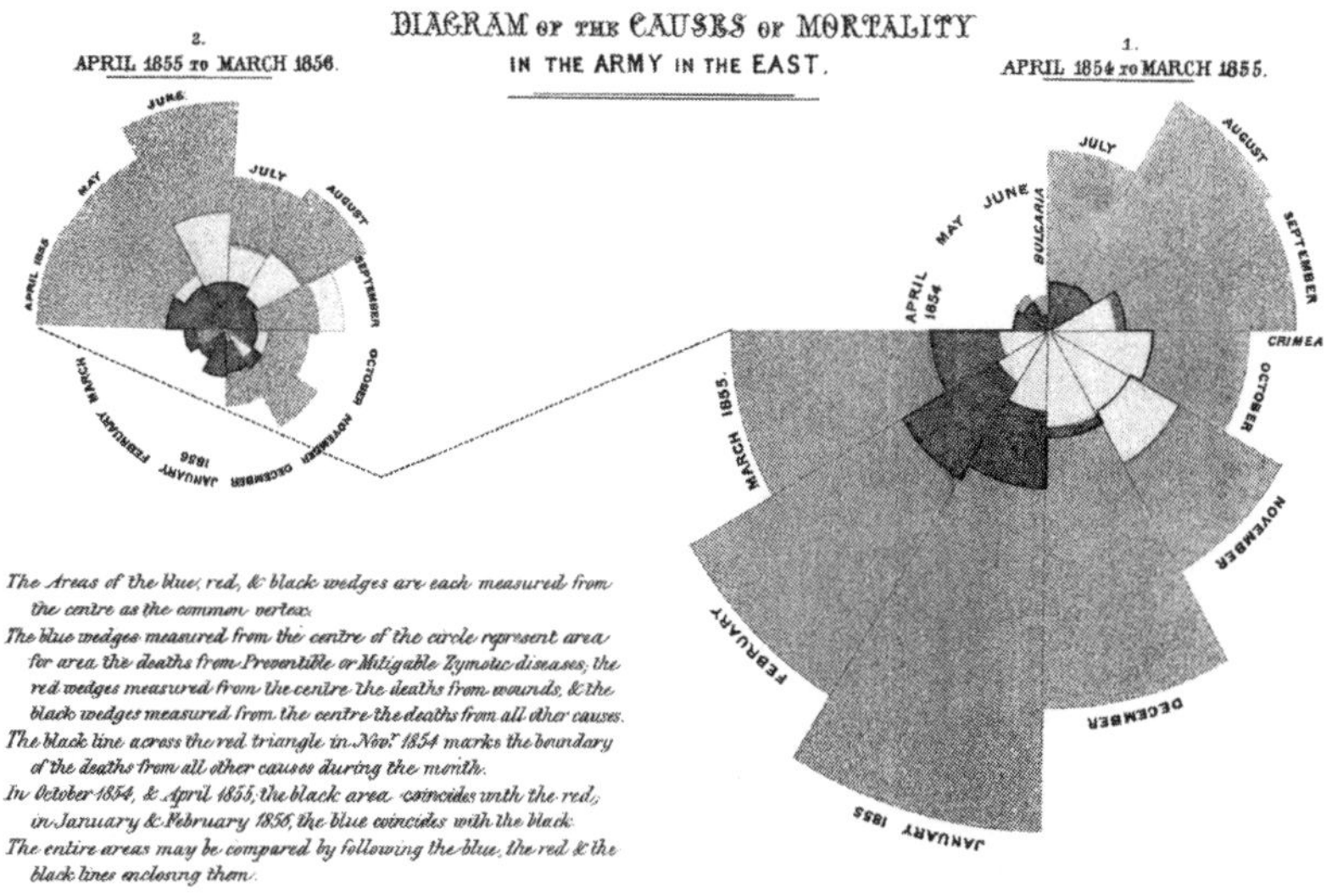

「東部の軍における死因および死亡率の図」
フローレンス・ナイチンゲールが、イギリス軍の医療に関する大著のレポートの中で発表した図表の1つ。

出典：Notes on Matters Affecting the Health, Efficiency,and Hospital Administration of the British Army (1858)

なった。住まいのバラックもきれいになった。(5)

兵士たちの生活環境が改善されたことで、思わぬ問題が生じた。新しく建てた病院がいつもガラガラになったのだ。

「入院患者が減り、そのために陸軍医療局が病院のベッドを埋めるのに苦労することになったのなら、それはもちろん私たちの『失敗』とはいえないでしょう」と、ナイチンゲールは皮肉を込めて書いている。(6)

ナイチンゲールは、グラフを使って世界を変えた先駆者の1人だ。(7) 彼女は間違いなく優秀で、勤勉で、意志が強かったが、それと同時に彼女が生きた時代の産物でもある。**彼女が生きた19世紀は、人類史上初めて統計や数字が広く用いられるようになった時代**だ。

そして、その流れは今日まで続いている。

200年前、「ビッグデータ」が生まれた

19世紀に起こった大きな変化は「国民国家」の誕生だ。

官僚による統治が広まるにつれ、より多くの国民に関する情報が必要になった。誰が死

に、誰が生まれたのか。誰が誰と結婚したのか――。

この種の情報が大規模に記録されるようになったのは、歴史上初めてのことだ。[8] 哲学者のイアン・ハッキングは、この現象を「印刷された数字の雪崩」と呼び、[9] テクノロジー研究者のメグ・リータ・アンブローズは「ビッグデータの最初の波」と呼んでいる。[10]

現在も新聞を開けば、貧困や犯罪に関する数字や、さまざまな平均値やチャートが目に飛び込んでくるが、それらすべてのルーツは19世紀にある。つまり**数字への熱狂は、誕生からまだ200年もたっていない**ということだ。

もちろん、この現象も何もないところからいきなり生まれたわけではない。ナイチンゲールの時代に数字が大規模に活用されるようになった理由（そして、それができるようになった理由）を理解するには、歴史をさらに深く探る必要がある。

カギとなるのは3つの重要なイノベーションだ。

「経済発展」で人類は覚えきれなくなった

人類は太古の昔からものをかぞえていた。[11]

たとえば人類最古の文字のメッセージには、数字を表すシンボルが含まれている。それは、現在のイラクにかつて存在した古代都市ウルクで発掘された粘土板で、**「2万908 6単位の大麦37か月クシム」**という記述が残されていた。紀元前3000〜2400年のことだ。

これはおそらく、クシムと呼ばれる何者かが、37か月の間におよそ3万単位の大麦を受け取ったということなのだろう。

歴史家のユヴァル・ノア・ハラリによると、現時点でわかっているかぎり、このクシムは人類史上初めて記録に名前を残した人物だ。「史上初めて名前を記録されたのが、預言者でも、詩人でも、偉大な征服者でもなく、会計士だったという事実は、多くのことを物語る」とハラリは言っている。

たしかに彼の言う通りで、数字は社会の進歩にとって欠かせない存在だ。

狩猟採集の生活を送っているのであれば、必要な情報をすべて覚えておくことも可能だっただろう。獲物はどのあたりに行けば見つかるか、どの木の実に毒があるか、どの人物を信頼できるか。

農耕を始めてからも、小さなコミュニティであれば、必要な知識はすべて頭の中に保存しておける。しかし、農業革命が起こると、多くの人が協力して大量の作物を育てるようになった。コミュニティは村から町へ、そして国家へと拡大していった。

それにつれて、経済システムもますます複雑になっていった。人々は物々交換を行っていたが、やがて貨幣が生まれ、経済によって結ばれたネットワークがどんどん拡大した。Aさんに借金があり、Bさんにも借金があり、Cさんには家賃を払わなければならない、といった具合だ。

そこで人類は壁にぶつかった。**必要な情報をすべて覚えておくことができなくなった**のだ。

この問題で特に悩まされたのは、多くの国民から税金を集めなければならない国家だった。入ってくるお金と、出ていくお金をすべて記録する方法が必要だ。

その方法が、やがて決まった書式になった。合意を書面にして（法律）、誰が何をしたという記録を残す（行政）ことで、もうすべてを覚えておく必要がなくなったのだ。

そしてクシムの大麦と同じように、そのような記録の多くには数字が含まれていた。

人類が数字を活用するようになったのは、もちろん記録が必要になったからだが、理由は他にもある。
ここで、クシムの記録に出てくる「2万9086単位」という言葉について考えてみよう。この契約に関係する人たちは、「2万9086」という数字だけでなく、**「単位」**という言葉が持つ意味についても合意している必要がある。

人類史の大部分で、使用される単位は地域によって違っていた。[12] それぞれの地域が、自分たちに合った独自の単位を使っていた。たとえばフランスでは、土地の広さの単位は「ビシェリー」または「ジュナリエ」だった。
ビシェリーは、穀物を量るときに使われる「ビシェ」から生まれた言葉で、その土地に蒔《ま》ける種の量を表す。ジュナリエは「1日」という意味で、1人の人間が1日で収穫できるぶどう園の広さという意味だ。[13]
また、たとえ同じ単位でも、地域によって単位の表す量が大きく違っていることもある。たとえば18世紀のフランスでは、**プレシー・ス・ティルで使われる「パント」は、200キロメートル離れたパリで使われる「パント」の3倍以上の量**だった。[14] この頃のフランスには、同じ単位でも地域によって量が違う例が実に25万もあったとされている。[15]

話す言葉が違えばお互いの言っていることが理解できないのと同じように、数字の使い方が違えばお互いに合意することはできない。[16] 1999年に起きたある出来事を見れば、違う「数字言語」を使うことの危険性がわかる。

「単位」がなければ税は取れない

1999年、火星探査機のマーズ・クライメイト・オービターが火星に到着することになっていた。しかし、その年の9月23日、探査機が突然レーダーから消え、二度と姿を現さなかった。

なぜそんなことが起こったのだろうか？

探査機を操作するには、2つのコンピュータ・プログラムを連携させる必要があった。そして1つのプログラムは、アメリカとイギリスで採用されている「重量ポンド秒」という単位を使い、もう1つのプログラムは国際標準の「ニュートン秒」という単位を使っていたのだ。

この違いによって2つのプログラムの連携に狂いが生じ、探査機は予定より170キロ低く飛行していた。その結果、おそらく火星の大気圏に突入して破壊されたのだろう。[17]

ありがたいことに、そのような問題が起こるのはむしろ例外的だ。現在ではほとんどの国が国際単位系を採用している。

しかし、何事もなく今の状態に移行したわけではない。たとえばフランスでは、地域ごとの単位が廃止されたきっかけは18世紀に起きたフランス革命だった。

そのとき革命政府が採用したのが「メートル法」だ。メートルやキログラムといった単位は当時の科学を表現するのにぴったりだった。それに加えて、全国で同じ単位を使ったほうが、統治がずっとやりやすくなる。[18]

国民がばらばらの単位を使っていたら、どうやって税を徴収すればいいのだろう？　もちろんそんなことはムリに決まっている。そこで役人はさまざまな解決策を考え、やがて時間はかかったが、メートル法の誕生につながった。

メートル法は後に世界共通の国際単位系となり、フランスから全世界に広まることになる。現在、メートル法を採用していない国は、アメリカ、リベリア、ミャンマーだけだ。この3か国は、ポンドやマイルといった独自の単位を使っている。[19]

この**「標準化」**が、後にナイチンゲールの思考を支えることになった最初のイノベーションだ。

標準化とは、ある特定の概念を計測するときに、共通の方法を用いることをいう。

メートルとキログラムはただの始まりにすぎない。半世紀後のナイチンゲールの時代になると、数字への欲求はさらに高まることになる。

かぞえれば「分類」している

地方からの移住が増えて都市部では人口が爆発し、貧困、犯罪、病気といったさまざまな問題が可視化されるようになった[20]。

それらの問題は、いったいどこからやって来たのか？　どうやって解決すればいいのだろうか？

政府の内外で、そういった疑問を持つ人がどんどん増えていった。

問題の深刻さを理解するには、問題を評価する明確な基準が必要になる。どれくらい貧しい人が「貧困」に分類されるのか？　犯罪や病気の基準は？

高名な統計学者で、ナイチンゲールのレポートにも協力したウィリアム・ファーは、同僚と共同でその時点でわかっている病気のリストを作成した。そのリストは、後に世界保健機関（ＷＨＯ）にも採用されている。

またナイチンゲールも、陸軍病院の窮状を訴えるレポートで分類を活用していた。たとえば兵士の死因を、①予防できる病気、②戦闘による負傷、③その他の原因、と分類している。

一見したところ、「病気」や「死因」といった概念は数字とまったく関係がないように見えるかもしれない。しかし、実際はその正反対だ。

何かを数値化するには、まずその何かを明確に定義する必要がある。哲学者のイアン・ハッキングの言葉を借りれば、**「数をかぞえることは分類を渇望する」**ことだ。[21]

こうやって標準化が行われた結果、私たちは同じ「数字の言語」を話すようになった。現在、世界中の人がメートルとキログラムという単位を使い、ＧＤＰ成長率、ＩＱ、二酸化炭素排出量、ギガバイトといった数値で世の中を理解している。

つまり、**世界でもっとも話す人口が多い言語は、中国語でも、英語でも、スペイン語でもなく、数字**だということだ。[22]そして、この数字の言語が生まれたことで、次のイノベーションが可能になった。

それは、「大量の数字を集める」ことだ。

情報を集めて「意味」を読み解く

クシムの粘土板でも見たように、数字は数千年前から集められ、記録されてきた。とはいえクシムの粘土板に記録された数字は、まだ規模がかなり小さい（歴史家によると、クシムはビール原料の保管庫の責任者だった可能性があるという[23]）。

しかしそれに続く数千年間で、当局はもっと大きな規模で数字を集めるようになった。西洋文明でもっとも有名な物語の1つであるイエス・キリストの誕生も、ローマ人が帝国の人口を把握しようとしていなかったら、ベツレヘムが舞台になることはなかっただろう。古代エジプトからインカ帝国、さらには漢王朝から中世ヨーロッパまで、歴史にはそのような「国勢調査」がたびたび登場する[24]。

そして1085年、イギリスのウィリアム征服王はさらに一歩先へ行き、イギリスに暮らすすべての人間が所有する土地を記録しようとした。この検地の記録は『ドゥームズデイ・ブック』と呼ばれ、イングランドとウェールズの1万3000以上の土地が記載されている。

政府の役人がすべての土地を訪れ、土地の所有者、その土地で働く農奴の数、水車小屋と養魚池の数など、シャー（州）ごとに1万以上の事実を記録している。[25] おそらく膨大な時間を要した一大事業だったことは想像に難くない。

『ドゥームズデイ・ブック』は、数世紀にわたって世界でもっとも情報量の多い記録の地位を維持していた。しかし19世紀に入ると、ついにデータの収集量が指数関数的な増加を見せる。[26]

その頃になると、多くの組織が数字を集めるようになった。

なかでも数字の収集にもっとも積極的だったのは国家だ（そもそも「統計（statistics）」という言葉の語源は、「国家」を意味する「state」だ）。1836年にはイングランド・ウェールズ一般登記局が設立され、当初は国民の誕生と死亡を記録することが目的だったが、間もなくして国勢調査も行うようになった。[27]

政府の枠にとどまらず、民間の組織でも数字の収集が始まった。たとえばイギリス東インド会社は、約2500人の従業員を対象に、誰が病気で、誰が死亡し、誰が会社を辞めたかという記録を残している。[28]

陸軍病院の状況を改善したいというナイチンゲールの願いは、19世紀の半ばという時代の精神にも合致していた。彼女の周りは数字であふれていた。しかし、真の変化を起こすには、パズルの最後のピースが欠けていた。

情報をただ集めるのではなく、その情報から意味を読み取らなければならない。

グラフがあれば「一目」でわかる

現代では、新聞を開けばグラフや図表を見ない日はないだろう。しかし、数字をイメージに変えるという概念が生まれたのはそんなに昔のことではない。

棒グラフや折れ線グラフの誕生は18世紀の終わりで、その生みの親はウィリアム・プレイフェアという経済学者だ。

後にナイチンゲールも、陸軍病院の惨状に世間の注目を集めるために彼の発明を活用している。**グラフがあれば、山のような数字の意味を一瞬で理解してもらえる**からだ。

19世紀の初め、集まった数字の量が増えるにつれ、数字を分析するというニーズも高まっていった。そしてグラフに続き、今度は**「平均」**という概念が広く使われるようになる。

ナイチンゲールも、あの分厚いレポートの中で平均をかなり多用した。たとえば、クリミア戦争中の1か月の平均患者数などだ。

現代では誰もが「平均」を当たり前のように使っているが、ナイチンゲールの時代はまだ新しい概念だった。とはいえ、これは人間に関するデータに限った話であり、天文学者たちは16世紀の終わりから平均を利用していた。

19世紀になり、それを人間のデータにも応用したらどうだろうと思いついたのは、アドルフ・ケトレーという人物だ。[29]

「平均人」を算出した天文学者

ケトレーはベルギー人の天文学者だ。ナイチンゲールはケトレーに憧れ、敬意を込めて「統計学の生みの親」と呼んでいる。[30] ケトレーはキャリアの初期に、ブリュッセル天文台長を務めていた。1830年にベルギー独立革命が起こると、天文台が自由の闘士たちに占拠された。[31]

そのときケトレーの頭に浮かんだのは、「人の行動の理由は何だろう」という疑問だ。

一見したところ、社会はただのカオスだ。少なくとも当時のベルギーはカオスで間違いない。しかしケトレーは、**人間の行動には何かしらの明確なパターンがあるはず**だと信じていた。

そしてケトレーは、「平均人」という画期的なアイデアを思いつく。[32] 身長、体重、犯罪、教育、自殺など、ケトレーはあらゆる項目の平均値を精力的に計算した。

彼はさらに、「ケトレー指数」と呼ばれるものも発明する。これは身長と体重から肥満度を測定する指数で、現代のBMIと同じものだ。医師や看護師、食事療法士などが、この指数を使って患者の「適正体重」を算出している。

19世紀も終わりに近づくと、グラフ、平均に続き、さらに複雑な分析方法も生まれた。統計史学者のスティーブン・スティグラーは、1890年から1940年までの期間を「統計の啓蒙時代」と呼んでいる。[33] その時代の科学者は、相関係数や実験計画法など、数字の中にパターンを読み取るさまざまな方法を編み出した。

残念ながら、ナイチンゲールは1910年に亡くなっているため、それらの発展をすべて目撃することはできなかった。それでも、彼女が残した複雑な計算の数々は、当時としてはかなり画期的だ。

そしてクリミア戦争が終わってほぼ1世紀後、あるスコットランド人医師が彼女の先例にならい、数字で人命が救えることを再び証明してみせた。

比較をすれば「正解」に近づく

1941年の8月、ドイツ軍の捕虜になったアーチー・コクランは、ドイツ兵に自分が行った秘密の実験の話をした[34]。

コクランはスコットランド人の医師で、顔は赤毛のヒゲに覆われ、げっそりと痩せこけている。カーキの半ズボンから突き出た足は、膝に水がたまって大きく腫れていた。

膝が腫れていた捕虜はコクランだけではなかった。ギリシャのテッサロニキでは、ドイツ軍の捕虜となった兵士の多くが浮腫《ふしゅ》を訴えていた。ドイツ軍から基地の医長に任命されたコクランが診察したところ、毎日新しい患者が20人ずつ増えている。

彼は捕虜の仲間たちを必要以上に心配させたくなかったので、患者の数を実際よりも少なく報告していた。しかし、もう黙っていることはできない。ドイツ軍とかけあい、捕虜の命を救うためにきちんと治療してもらわなければならない。

とはいえ、コクランも多くを期待していたわけではない。つい最近も、ただ単に「疑わしい笑い声」が聞こえたという理由だけで、見張りから手榴弾を投げ込まれたことがあった。

コクランには浮腫の原因の見当がついていた。ビタミンBの欠乏によって起こる脚気《かっけ》だ。そこでコクランは、ほぼ2世紀前に活躍した自分のヒーロー、ジェイムズ・リンドを手本にすることにした。

1747年、海軍医のリンドは、歴史上でほぼ初めてといえる臨床試験を実施した。彼は壊血病にかかった兵士12人を集めて2人ずつのペアを組ませ、それぞれのペアに違う食事を与えた。あるペアは毎日スプーン6杯の酢を飲み、別のペアは毎日250ミリリットルの海水を飲み、また別のペアは毎日オレンジとレモンを食べる、というように。リンドはすぐにパターンを発見した。オレンジとレモンのペアは、実験開始からわずか数日で症状が大きく改善したのだ。彼はそのとき、現代では広く知られているある事実を発見した。壊血病は、ビタミンCを豊富に摂取すれば予防できる。[35]

一方テッサロニキの捕虜収容所では、コクランが患者を2つのグループにわけて実験を行った。1つのグループは、1日に3回、イーストのサプリメントを摂取する。イーストはビタミンBを豊富に含む酵母の一種で、コクランが闇市場で苦労して手に入れたものだ。

そしてもう1つのグループは、コクランが緊急用に持っていたビタミンCのタブレットを摂取する。(36)

被験者の兵士たちは何も知らされず、この実験のことを知っているのはコクランだけだった。

「スコットランド人」がドイツ軍を動かした説明

実験初日の朝、コクランは患者の排尿回数を記録した。グループ間で特に違いは見られなかった。2日目も違いはなかった。しかし3日目になると、イーストを摂取したグループのほうが、排尿回数がわずかに多くなった。

そして4日目、コクランはついに確信した。イーストを摂取したグループのほうが、より多くの水分を排出している。それに加えて、イーストのグループ10人のうち8人が、前より具合がよくなったと言い、ビタミンCのグループは全員が相変わらず膝の腫れで苦しんでいた。

コクランはこれらの結果をすべて記録すると、ドイツ人の前にやって来た。そして実験

の結果を見せながら、治療のために手を貸してほしいと懇願した。ここで何もしないと、恐ろしい結果が待っている。(37)

驚いたことに、ドイツ軍はコクランの話に心を動かされたようだった。若いドイツ人の軍医から必要なものを尋ねられると、コクランは「たくさんのイーストです」と答えた。「それも今すぐに」

翌日、大量のイーストがコクランのもとに届けられた。そして1か月もしないうちに、膝の腫れで苦しむ捕虜は1人もいなくなった。

数字には「特別な説得力」がある

コクランの実験で大切なのは、数字を分析する新しい方法を見つけたことだけではない。もう1つの重要な発見は、**数字が持つ説得力**だ。

コクランは数字の力で、敵であるドイツ軍を味方に引き入れることに成功した。数字はなぜ、言葉よりも人を信じさせる力があるのだろうか？

コクランの人生で起こったもう1つの出来事を見ると、その答えがわかるかもしれない。(38)

戦争が終わってイギリスに戻ったコクランは、統計を基礎とした医学研究をさらに推し進めることにした。彼がギリシャの捕虜収容所で行ったような実験は、当時はまだ珍しい存在だった。

イギリスでは1960年代になると、病院に冠動脈血管集中治療室（CCU）が数多く設置されるようになった。これはとてもお金のかかる設備だが、当時の状況を考えれば理にかなった投資だった。冠動脈に問題のある人は、注意深く観察していないと心不全を起こす危険があるからだ。

しかし、自他ともに認める懐疑主義者のコクランは、この方針に完全には納得していなかった。大金をかけて新しい設備を導入したのであれば、きちんとその効果を計測しなければならない。そしてその方法は、臨床試験だ。

冠動脈疾患の患者を2つのグループに分け、1つは治療が終わったら自宅に帰し、もう1つはCCUに入院させるという方法で臨床試験を行うのだ。

コクランのこの提言は、ロンドンの医療倫理委員会から厳しく非難された。人の命を実験台にしているのと同じではないかという理由だ。

それでもコクランは、倫理委員会の委員長を説得し、なんとか実験の許可を取りつけた。

しかし勤務先のカーディフの病院に戻ると、今度は同僚の医師たちが実験への協力を拒否すると言ってきた。患者の治療法は自分たちで決めるというのだ。

これはコクランを怒らせた。自分は患者にとって最良の治療法を知っていると断言するとは、なんという傲慢さであろうか。これでは医療が、科学的な証拠ではなく、医師という特権的な立場によって決まってしまうではないか、と。[39]

科学よりも、医師としての評判が重視されることになってしまう。

ブリストルの病院で働くコクランの研究仲間が、代わりに自分の病院でコクランの実験を行うことができた。そして半年後、2人は実験結果を携えてロンドンの医療倫理委員会を訪れた。実験によると、治療の効果はCCUのほうがわずかに上だったが、統計的に有意といえるほどの差はない。

それでも委員会は、コクランの提案に猛反発した半年前と同じように、実験の数字を見ると怒り心頭だった。「アーチー」と、委員の1人は言った。「われわれは常々、きみの倫理観には疑問を持っていた。実験は今すぐにやめたまえ」

コクランは、委員たちの叱責が終わるのを辛抱強く待っていた。そして彼らが黙ると、まず謝罪し、実は間違った結果を見せていたと打ち明けた。数字は同じだが、グループが逆だった。**患者を家に帰したほうが、治療の効果はわずかに上だった**のだ。

「正しい結果をご覧になった委員のみなさんは、CCUは閉鎖するべきだとお考えになるのではないでしょうか?」とコクランは言った。

思い込みに寄せて「解釈」する

この物語からわかるのは、医療の実験の前にはどんな障害が立ちはだかっているのかということだ。

コクランが最初にぶつかった壁は、人間の「感情」だ。医師の立場としては、患者が病院にいたほうが、目が届きやすくて安全だと思いがちだ。だから委員会も、自分の思い込みと合致するように、情報を間違って解釈してしまう[40]。

それに加えて、「利害関係」も大きな役割を演じる。大金を投じてCCUを開設したのに、実は効果がなかったとなったら、委員会のメンバーの名声は地に落ちただろう。

感情、間違った解釈、利害関係という3つの障害を乗り越えるときに有効なのが、数字を活用することだ。言葉は偏見や解釈の影響を受けやすいが、数字はあくまでも中立であり、現実をそのまま表現している。

簡単に言うと、**数字の本質は客観性である**（あるいはそう見える）ということだ。そう考えると、数字がここまで私たちの社会で幅をきかせているのも納得できるだろう。

コクランが亡くなった5年後の1993年、コクラン共同計画（ただ単に「コクラン」とも呼ばれる）という組織が生まれた。これは、全世界の医療関係者と統計学者が協力して働くためのネットワークだ。

この組織を活用すれば、ほぼすべての医学的研究の結果を照会することができる。コクラン共同計画がまとめたコクラン・レビューは、医療関係者にとって、現代でももっとも信頼できるエビデンスの情報源になっている。

ナイチンゲールは数字で救い、スターリンは数字で殺した

コクランの活動をきっかけに、医療の世界も統計を幅広く活用するようになり、多くの命が救われた。その例の1つが、1980年に実施された不整脈抑制試験（CAST）とい

う実験だ。

当時、心停止を起こしたことのある人には、不整脈を抑制するための薬を処方するのが一般的だった。これはたしかに理にかなった処置のようだ。不整脈は突然死につながる可能性があるので、抑制するのは当然だろう。

しかし、CAST（1700人の患者を対象にした包括的な研究）によると、薬を摂取した人の死亡率は、下がるどころかむしろ上がっていた。[41]

ナイチンゲールとコクランの物語は、数字のもっともいい面を私たちに教えてくれる。数字には命を救う力がある。しかし、数字が大切である理由はそれだけではない。権力者を監視するという重要な役割もある。
歴史をふり返ればわかるように、政治家はつねに数字を悪用してきた。たとえばアルゼンチンでは、長年にわたってインフレ率が操作され、実際よりも低い数字になっていた。[42]
またイギリスでも、EU離脱派を牽引したボリス・ジョンソンは、数字の扱い方について統計学者から何度も叱りの言葉を受けている。[43]
さらにスターリンは、ソ連の人口はスターリンが主張する数字よりも少ないと言った統計学者を殺害してしまった。[44]

政府から独立した統計を専門に扱う組織があれば、政治家が数字を悪用するのを防ぐだけでなく、正しい「真実」を広く知らせることもできる。

しかし、数字には別の側面もある。数字が人々の生活を向上させるのは事実だが、**同時に破滅させる力もある**のだ。

大量の数字を扱うときにもっとも大切な道具は**「標準化」「収集」**そして**「分析」**だ。しかしこの3つの道具も決して完全無欠ではない。ときにはとんでもない事態を引き起こすこともある。

2章

数字はご都合主義

「IQ」も「平均」も真実を語らない

第1次世界大戦のさなか、175万人のアメリカ軍の新兵を対象に知能テストが実施された。[1] ハーバード大学の心理学者ロバート・ヤーキーズの発案だ。ヤーキーズの考えでは、心理学も物理学のような厳密な学問になる可能性を秘めている。しかしそのためには、データを集めなければならない。

19世紀から続く数字への熱狂が、ヤーキーズのような考えを生み出すのは当然の帰結だった。この時代は、距離と重さの単位が統一されただけでなく、犯罪や貧困といった抽象的な概念を数値化する技術も生まれている。

そこで、数値化の次のターゲットになったのが**「人間の知能」**だった。ヤーキーズは同僚の研究者たちと協力し、世界初の大規模な実施を前提とした知能テストを作成する。そして1917年、歴史に残る研究が行われた。アメリカ全土で、軍の新兵が知能を測定するためのテストを受けたのだ。

ヤーキーズが試験結果のデータを集めて分析を始めると、新兵たちの悲惨な実態が徐々に明らかになってきた。(2) **白人のアメリカ人は、知能レベルが13歳という結果になった**のだ。東ヨーロッパと南ヨーロッパからの移民は、さらに知能レベルが低くなる。

そしてもっとも低かったのは黒人で、知能レベルは10・4歳だ。

「IQは『国』で違う」という発想

「私だってむしろ黒人が超優秀だったほうがよかったと思っていますよ」

現在、ロバート・ヤーキーズの名を知る人はほとんどいない。しかし、黒人のIQという問題は、今でも激しい論争を巻き起こしている。

2016年、ブロガーでリバタリアン（完全自由主義者）のイエルナズ・ラマウタルシングは、オランダのニュースサイト「Brandpunt+」のインタビューで次のように語っている。(3)

「IQは国によって違いがあります。私だって、そうでなければいいと思っています。むしろ黒人が超優秀だったほうがよかった。（略）でも、現実はそうではないのです」

その2年後、彼がアムステルダムの地方選挙で立候補を表明すると、この発言が掘り起こされて大論争になった。

しかし、このような主張をするのは彼1人だけではない。(4)

ヤーキーズの知能テストが実施されて以来、知能と肌の色の関係という問題はこれまでに何度も取り上げられてきた。

1969年には、教育心理学者のアーサー・ジェンセンが、黒人学生と白人学生のIQが違うのは遺伝が原因だと発言して大騒ぎになっている。(5)

1994年には、政治学者のチャールズ・マレーと心理学者のリチャード・ハーンスタインによる『ベルカーブ（The Bell Curve）』が出版され、これもまた大論争を巻き起こした。2人の著者が、平均的にはアメリカの黒人はアメリカの白人よりIQが低く、さらにIQの低い女性は子どもを産まないほうがいいと言っているからだ。(6)

2014年にも、再びこの種の論争が起こっている。きっかけは、『ニューヨーク・タイムズ』紙のジャーナリスト、ニコラス・ウェイドによる『人類のやっかいな遺産』（晶文社）がベストセラーになったことだ。ウェイドは本の中で、「人種」の違いは進化の結果であり、知能やその他の特徴は人種によって異なると主張した[7]。

英語がわからない人に「英語」でテストが行われた

ヤーキーズの知能テストは、時空を超えて現代にも大きな影響を与えているようだ。とはいえ、彼のテストは科学的に信用できるわけではない。175万人の新兵を対象にしていると聞くと、とても大がかりな研究だと思うかもしれない。

しかし現実は、**かなりずさんな分析**だった。

スティーブン・J・グールドは、著書の『人間の測りまちがい』（河出書房新社）の中で、ヤーキーズの知能テストが行われた環境を描写している。部屋には椅子も机もなく、照明は不十分で、しかもあまりにもたくさんの人間が詰め込まれていたために、後ろのほうにいた人は説明が聞こえなかったという。

それに兵士の中には、たとえ聞こえても理解できない人もいた。**アメリカに着いたばかりで英語がわからなかった**からだ。あるいは英語を話しても、読み書きはできないという兵士もいた。

実際のところ、兵士の中には生まれて初めて鉛筆を持つ人もいたのだが、いきなり紙の束をわたされて、立方体の数をかぞえる問題や、文字列のパターンを読み取って次に来る文字を推測する問題に答えなければならなかった。(8) しかも、次のグループが廊下で待っているために、プレッシャーを感じながら問題を解いていた。

これを読めば、ヤーキーズのテストの結果を鵜呑みにするのは考えものだとわかるだろう。しかし、現実はその正反対になった。

ある種の集団は、その他の集団よりも知能が低いという結果は、当時すでに人気があったある考え方に、科学のお墨つきを与えることになってしまったのだ。

恐ろしい話が「正論」になる

第1次世界大戦後、北アメリカとヨーロッパでは優生学が隆盛を極めていた。

優生学とは、優秀な遺伝子だけを残し、人類という種全体を向上させようという考え方だ。アメリカでは、議会で移民政策を話し合うたびに、ヤーキーズのテスト結果が何度も引用された。このテストで成績が特に悪かった民族(南ヨーロッパ人と東ヨーロッパ人)は、移民として受け入れてはならないと政治家たちは信じていた。

それから間もなくすると、この2つの集団を対象に、移民の数が制限されるようになった。[9] その結果、1924年から第2次世界大戦までの間、何百万もの人々がアメリカにわたることができず、足止めを食らうことになる。[10] 助けが必要な難民（主にユダヤ人）も、定員があるためにアメリカへの入国を拒否された。

IQの数字は、国家による強制的な不妊をも正当化した。1927年には、アメリカで強制的な不妊を合法化する法律が可決されている。アメリカ最高裁は、「知的障害者は3世代も続けば十分だ」と高らかに宣言した。この法律により数十万人ものアメリカ人が強制的に不妊手術を受けさせられた。廃止になったのは、つい最近の1978年だ。[11]

このような話を聞き、怒りを覚えないのはほぼ不可能だろう。

しかし、たとえ知能テストの結果が恐ろしい事態を生んだからといって、結果そのものが間違っていたことにはならない。現代のテストでも、ヤーキーズの時代と同じ結果になる。**平均すると、黒人はその他の人種よりIQが低い**のだ。

これはつまり、肌の色とIQの間には本当に関係があるということなのだろうか？　結局のところ、ラマウタルシングが正しかったのか？

答えは**完全なる「ノー」**だ。IQと肌の色をめぐる議論は、数字がもっとも醜い形で悪用された例だといえるだろう。

「平均」はぼんやりしている

先に進む前に、「IQを集団ごとに比較する」ことについて考えてみよう。

ある集団のIQが他の集団のIQより低いというのは、具体的にはどういう意味なのだろうか?

第一に、肌の色とIQに関する議論は、たいていアメリカのサンプルを使って行われている。つまり、すべての黒人の点数が低いのではなく、アメリカの黒人の点数がアメリカの白人より低いというだけのことだ。

しかし、この議論の穴はそれだけではない。知能と肌の色について語るときは、つねに「平均」の数字を基準にする。つまり、ある集団の平均は、別の集団の平均より低いということだ。

ここで「平均」の中身を個別に見ると、高い点数から低い点数までかなりの幅があると

IQと肌の色

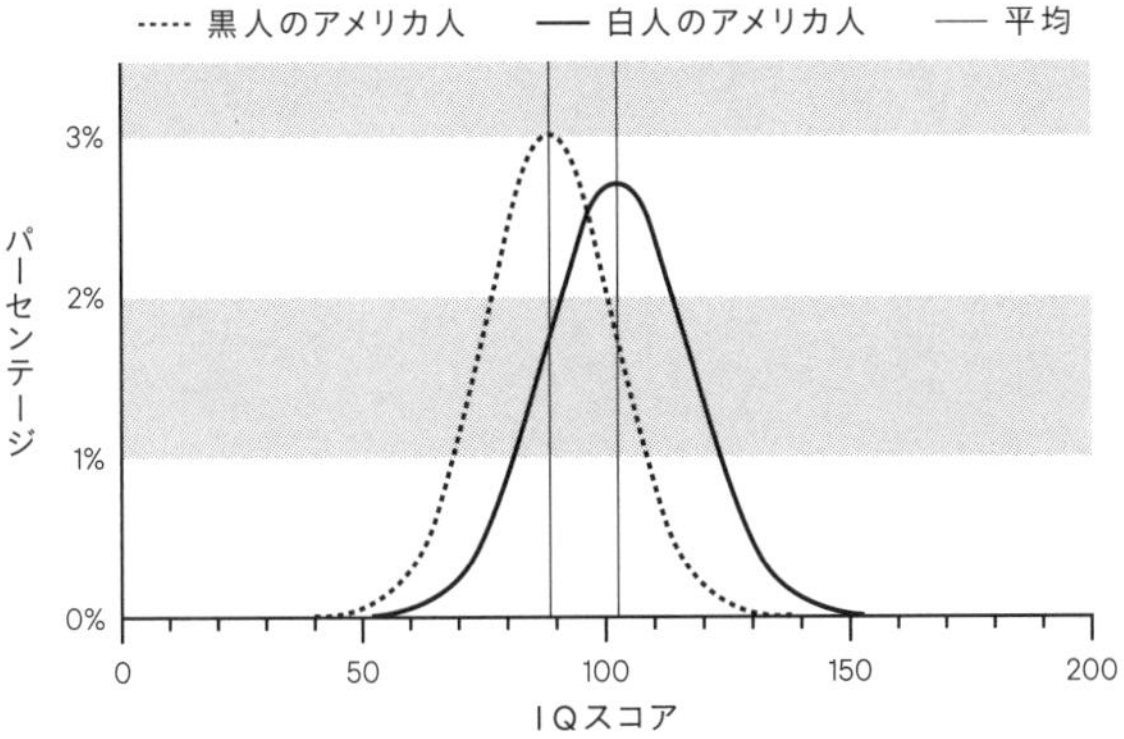

ウェクスラー成人知能検査（WAIS）のスコア
出典：William Dickens and James Flynn (2006) (12)

わかる。トップレベルの点数を取ったアフリカ系アメリカ人もいれば、最低レベルの点数を取った白人のアメリカ人もいる。

たとえば、一般的なウェクスラー成人知能検査の結果を見てみると、**この2つの集団はかなり重なっている**（図表参照）。

テストの点数で判断すると、アフリカ系アメリカ人の多くは、白人のアメリカ人の平均よりも知能が高いということになる。その逆も同じで、白人のアメリカ人の多くは、アフリカ系アメリカ人の平均より知能が低い。

簡単にいうと、**平均を見ても、個人についてはほとんどわからない**ということだ。

ここでもう1つ重要な質問がある。そもそも、「黒人」と「白人」の定義は何だろう？

多くの研究では、誰がどの人種になるかは自己申告で決めている。しかも人種には決まった定義は存在しない。

たとえば、かつてアメリカではイタリア系は非白人の扱いで[13]、ブラジルではヨーロッパ人でなければすべて黒人だ[14]。また、アメリカの国勢調査でも、２０００年と２０１０年で違う人種で申告した人は数百万人にのぼる[15]。

言い換えると、自分がどの人種に属するかは、実際の肌の色よりも、時代や場所の影響を大きく受けるということだ。

ＩＱが何を意味するかということを考える前に、まずこういった**データの隠れた「但し書き」**に気づかなければならない。それはデータの出所、平均値の限界、そして「黒人」と「白人」の定義といったことだ。

肌の色と知能の関係というような重要な結論を出すときは、表に出た数字だけを安易に信じないように気をつけることが大切だ。

COLUMN

すべての乗客が「億万長者」になるとき――ビル・ゲイツ様様

平均についてもう1つ興味深い話がある。**集団の中で大きく外れる人がいると、集団の実像と平均値がかなりずれてしまう**のだ。

「IQ」は点数が全体的に散らばっているので、この問題が起こることはめったにない。平均値より高い人も、低い人も、だいたい同じくらいだ。[16]

しかし、「収入」ではどうだろう。2016年、オランダではおよそ730万人が年収3万ユーロ未満だった（730万人の半数以上は収入がある）。しかしその一方で、年収10万ユーロを超える人も50万人以上いた。[17] この高収入の集団が平均値を押し上げている。

統計のジョークでよく言われるように、**ビル・ゲイツがバスに乗っていれば、乗客の平均値は億万長者**だということだ。

この大きく外れる人（統計学では「外れ値」と呼ぶ）の問題を解決するのが、**「中央値」**という考え方だ。年収のいちばん低い人からいちばん高い人まで順番に並べ、真ん中に来た人の年収が中央値ということになる。

数字に入り込む「5つの主観」

さて、ここからいよいよ本題に入ろう。そもそもIQとは、いったい何を計測しているのか？

すでに見たように、数字の普及でもっとも大きな役割を果たしたのは、「標準化」「収集」「分析」という技術だ。どの研究者も、数字を扱うときは必ずこの3つのステップを経ることになる。

IQで大きな役割を演じるのが、最初のステップの標準化だ。知能のような抽象的な概念を標準化するには、その過程でいろいろな選択が必要になる。**数字は一見すると客観性のオーラをまとっているが、その裏にはえてして「主観的な決断」が隠れているものだ。**

たとえば、世界初のIQテストを実施した研究者たちは、とても客観的とは言いがたい次の5つの選択をしている。

1 「ないもの」を計測している

ヤーキーズが考案したIQテストは、アルフレッド・ビネーのテストを参考にしている。

ビネーはフランス人の心理学者で、知能テストの生みの親だ。(18) 自分のテストが人種差別に利用されていると知ったら、ビネーは驚いてお墓の中でひっくり返るだろう。

１９０４年、教え子のテオドール・シモンとともに知能テストを開発したとき、ビネーの狙いはまったく別のところにあった。それは、子どもを助けることだ。

彼はフランスの教育相から、特別な支援が必要な子どもを見分ける方法を開発するように依頼されていたのだ。

「頭蓋骨のサイズ」は知能か？

ビネーはそれ以前から、すでに長年にわたって使われていた「頭骨測定」という方法を試していた。この方法は、人間の知能は頭蓋骨の大きさで決まるという考えにもとづいている。しかし、実際にメジャーを使って頭蓋骨の大きさを測ってみると、頭の大きさと知能の相関性はごく低いことがわかった。

教育相の依頼を受けたビネーは、今度は違う方法で知能を測定しようと決意する。そして誕生したのが、問題が進むごとに難しくなっていくテストだ。どこまで正解を出せるかで、その子どもの「精神年齢」が決まるしくみになっている。

精神年齢が実際の年齢よりはるかに低い場合、その子どもは教育で特別な支援が必要と判断できる。そうやってビネーは世界初の知能テストを完成させた。

それから間もなくして、今度はドイツ人心理学者のウィリアム・シュテルンが、現在も使われる「知能指数（ＩＱ）」という概念を発明した。ＩＱは精神年齢を実年齢で割って算出される。

ないものを「ある」ことにできる

その頃世界では、すでにキログラムとメートルが標準単位として普及していたために、より多くのものが計測できるようになっていた。距離や重さという概念ならすでに馴染みがあったために、計測は比較的簡単だ。「距離」はここからあそこまでどれくらい遠いかであり、「重さ」は持ち上げたときにどれくらい重さを感じるかだ。こういった単位は、絶対的なもの、客観的なものを計測する。

しかし、すでに見たように、19世紀になると違う種類の数字も扱われるようになった。**経済、犯罪、教育といった抽象的な概念を計測する数字**だ。

たとえば、誰もが大きな影響を受ける「お金」という概念について考えてみよう。

硬貨や紙幣は、それ自体には何の価値もない。食べることもできないし、それを使って何かを作ることも、病気を治すこともできない。[19] お金に価値があるのは、お金を使う全員が「お金には価値がある」ということで合意しているからだ。そして私たちは、政府を含むすべての人が、その合意を守ることを期待している。

このような合意があるおかげで、人類は狩猟採集の時代よりもはるかに大きな規模で協力できるようになった。お金以外にも、国民国家、人権、宗教などは、すべて人間が創造した架空の存在であり、参加者すべてが「それは存在する」という合意を守ることで成立している。

ここで危険なのは、**参加者である私たちが、それらを客観的な概念だと勘違いする**ことだ。豊かさや教育レベルといった概念は架空の存在であるということを忘れ、確固とした事実だと思い込む。

すると次に起こるのが **「物象化」** だ。物象化とは、本来は抽象的な概念であるものを、実体のある物象、すなわちモノのように扱うことをいう。

人間は自分の頭で何かを考えると、それが自分で考えたものであるということを忘れ、最初から実体として存在していたと勘違いしてしまうのだ。

「GDP」で失業者が増減する

こうして抽象的な概念は、ますます客観性の色合いを強めていくことになった。たとえば、**「GDP」**について考えてみよう。

GDPは国内総生産のことで、国の経済活動を計測するときに使われる。GDPが下落すると景気後退であり、財布の紐をきつく締めなければならない。それがGDPにとっていいことだと、政治家たちが信じているからだ。

そうやってGDPという抽象的な概念が、現実的な結果を生むことになる。GDPが下がると、失業者が出るかもしれないし、税金が上がるかもしれない。行政の支援を受けることになる人もいるだろう。

こうして見ると、GDPは厳然たる自然の法則に従って動いているかのようだ。しかし実際のところ、**GDPが生まれてからまだ100年もたっていない**。

GDPという考え方はアメリカで生まれた。第2次世界大戦に向かおうとしていた時代のことだ[20]。

当時のアメリカは歴史的な大不況に苦しんでいた。しかし、いったい経済はどれくらい悪いのかというと、正確に答えられる人は誰もいない。物価や輸送についての統計はいくらかあったが、アメリカ経済全体の状態を知るための数字は1つもなかった。

そこでアメリカ政府は、経済学者で統計学者のサイモン・クズネッツに依頼して、「国全体の収入」を計算してもらうことにした。[21] クズネッツはさっそく仕事に取りかかった。家計と会社の収入を地道に足していったのだ。

1934年に結果が発表されると、変化は一目瞭然だった。1929年から1932年の期間で、国全体の収入はわずか半分にまで減っていた。[22] 史上初めてアメリカ経済の体温を測ったところ、氷点下をはるかに下回る結果になったのだ。

「爆撃機」が景気を後押しする

その後アメリカ政府は、クズネッツが考案した「国家の収入」という考え方に不満を持つようになる。戦争が目前に迫っていることもあり、政治的に不都合だったからだ。

政府としては、国民の救済より軍のほうにお金を使いたかった。しかしクズネッツの数字に従うなら、軍事支出には経済全体を押し上げる力はほとんどない。つまり、戦争のためにお金を使っても国民は豊かにならないということだ。

その問題を解決するために生まれたのが、「国内総生産」（GDP）という考え方だ。GDPは、国内で生産されたすべての財とサービスの価値を合計した数字であり、その中には政府が生み出した価値も含まれる。**この瞬間から、爆撃機も経済のためになる存在として認められるようになった。**

クズネッツは、この新しいGDPという概念を高く評価しなかった。彼にとって、国の経済を計測することは、豊かさを計測することだったからだ。彼の考えでは、軍事力は豊かさに含まれない。

しかしクズネッツは論争に負け、そして1942年、初めてアメリカのGDPが発表された――もちろん軍事支出も含んだ数字だ[23]。

ここからわかるのは、**GDPの数字は政治的な思惑から生まれたものであり、自然の法則とは何の関係もない**ということだ。

しかし近年では、政治家も官僚も、GDPは架空の存在であり、ただ客観的な数字のふりをしているだけだということを忘れてしまったようだ。その証拠に彼らは、GDPを根拠に緊縮財政の必要性を主張したりする[24]。

しかしGDPは、重力のような客観的な事実ではない。**いくら数字で表現したところで、架空の存在が現実の存在になるわけではない。**

ここで、ヤーキーズと新兵たちのテストを思い出してみよう。知能もGDPとまったく同じで、完全に抽象的な概念だ。人間が創り出した架空の存在だ。私たちはその架空の存在を数値化しているにすぎない。

「不景気」をなかったことにできる

GDPを真に受けるのは危険なこともある。これが客観的で正確な数字であると思い込んでいる場合は特に危ない[25]。

2015年7月、アメリカ商務省経済分析局が、前四半期のアメリカ経済は2・3％成長したと発表した。そして1か月後、この数字は3・7％に修正された。さらにその1か月後、今度は3・9％に修正された。

統計学者はいったい何をやっているのだろう。能力不足なのか？　それとも働きすぎで疲れているのか？

答えはそのどちらでもない。GDPの数字が修正されるのはごく一般的であり、GDPを発表するどの国でも起こっていることだ。GDPを出すのにどれほどの情報が必要かを知れば、頻繁な修正もしかたがないと納得できるだろう。

税金から軍事支出まで（そう、軍事支出はまだGDPに含まれている）、輸入額から輸出額まで、とにかくあらゆる数字を集めなければならない。すべてのデータを集計するのは時間がかかり、漏れや間違いをゼロにするのはほぼ不可能だ。

そういった事情を考えれば、GDPがあんなに細かい数字で算出されることのほうがむしろ驚きだ（数字の不確実性については3章で取り上げる）。

追加のデータは、ときに経済の全体像を大きく変えることもある。特に景気が後退しているときは注意が必要だ。

1996年のデータを見ると、イギリス経済は1955年から1995年の期間で10回の景気後退を経験したことになる。景気後退の間、政府は緊縮財政を行い、失業者が街にあふれ、国全体が暗いムードだった。

しかし、2012年に発表された新しいデータをもとにすると、もう少し明るい絵が見えてくる。同じ1955年から1995年の期間で、景気後退は7回だけだ。**3つの景気後退が跡形もなく消えてしまった**のだ。[26]

2 「主観」が否応なく混ざる

2007年、シェーン・レッグとマーカス・ハッターという2人のAI研究者が、知能の定義を可能なかぎり集めることに挑戦した。[27] その結果はかなりの量になった。2人が集めただけでも、知能を描写する言葉は70以上になった。しかし、共通する部分を抽出したところ、1つの文にまとめることができた。

レッグとハッターによる知能の定義は、「知能とは、幅広い環境で目標を達成する能力を計測する基準である」となる。

これはたしかにすべての要素を含んでいるのかもしれないが、それでも漠然としすぎている。この定義に従えば、夜中に他人の家に忍び込んで冷蔵庫からワインを1本盗む能力も「知能」に分類されそうだ。しかし、知能テストでこんな課題が出ることは絶対にない。

それでは、知能テストでは実際にどんな問題が出るのだろうか？　たとえば代表的なウェクスラー成人知能検査では、語彙、数列、空間認知などの能力を問う問題が出題される。つまり、抽象的な思考に必要な能力ということだ。[28]

ビネーのテストでもそれは同じだった。ビネーのテストを参考にしたヤーキーズのテストでも、数列を覚える、2つの物体の違いを見つけるといった問題が出題されている。

現代の私たちにとって、抽象的な思考と知能を結びつけるのは自明の理だ。しかし1930年代の研究を見ると、この考え方の限界が浮かび上がってくる。

知能は「誰が質問するか」で変わる

ロシア人神経心理学者のアレクサンドル・ルリヤは、自伝の中でウズベキスタンを訪ねたときのことを書いている。(29)

当時ウズベキスタンは急速な近代化の真っ最中だった。ルリヤが知りたかったのは、近代化が人々の思考法に影響を与えるのかということだ。ウズベキスタン滞在中、彼は同僚の研究者たちとともにラクマートという農夫を訪ねた。ラクマートは30歳で、地方で農業を営んでいる。

研究者たちは、ハンマー、のこぎり、丸太、斧の絵をラクマートに見せると、この中で仲間はずれはどれかと尋ねた。「どれも同じようなものだ。仲間はずれはないと思う」とラクマートは答えた。「何かを切りたかったらのこぎりが必要だし、何かを割りたかったら斧が必要だ。だからここにあるものはすべて必要だ」

研究者たちは、ラクマートに質問の意図を説明した。たとえば、3人の大人と1人の子どもなら、子どもが仲間はずれだ。「でも、子どもを1人にするわけにはいかないだろう」と、ラクマートは答えた。「それに、3人の大人がみんな働いていて、必要なものを取りに行くためにしょっちゅう場所を離れなければならなかったら、仕事はいつまでたっても終わらない。そんなとき子どもがいれば、ものを取りに行ってもらえるじゃないか」

ラクマートとの会話でわかるのは、分類にはいろいろな方法があるということだ。そして分類は、知能テストで必ず出題される。

もしラクマートが知能テストの問題を考えたらどうなるだろう？　それはおそらく、**彼の環境で生きていくのに必要な知識を計測するテストになる**はずだ。鳥を撃つのに最適な方法や、一冬保存できるようなキャベツのピクルスの作り方といった問題が出題されるに違いない。

私たちがそのテストを受けたら、きっと散々な点数しか取れないだろう。マサイ族やイヌイットが作ったテストでも同じ結果になるはずだ。

彼らの基準に従えば、私たちは知能が著しく低いということになる。

犯罪増加で「経済」が成長する

しかし、一般的なＩＱテストを作ったのはラクマートではない。看護師でも、大工でも、セールスパーソンでもない。テストを作ったのはビネーやヤーキーズのような人たち、つまり欧米人で、高い教育を受けた男性で、数字が好きな人たちだ。

病気の人の看病がうまくても、木材からテーブルを作る技術があっても、社交スキルが高くても、ＩＱテストでは評価されない。評価されるのは、数字の列を完成させたり、比喩を理解したり、物事をカテゴリー化したりする能力だ（私自身も、ボリビアでの調査のときに、まさにこのような基準で相手を評価していた。そして愚かにも、ファニータの知能は高くないと決めつけていた）。

現代社会において、抽象的な思考はあまりにも過大評価されている。 まるで抽象的思考こそが真の知能であるかのようだ。しかし、この種の思考がもっとも知的であると決める客観的な証拠は１つもない。これは単なる主観的な価値判断だ。

そして、同じことはＧＤＰにもあてはまる。クズネッツ自身は、この指標が豊かさをそのまま表すわけではないと考えていたかもしれない。しかし、第２次世界大戦の終わりから現在にいたるまで、ＧＤＰこそが唯一の豊かさの指標であるかのように扱われている。

多くの政府にとっては、経済成長、すなわちＧＤＰの数字が増えることが至高の善だ。しかしそれらの政府は、ＧＤＰを絶対視することで、主観的な価値判断をしている。ＧＤＰに含まれるものは、何であれいいものだとなってしまうからだ。

しかし実際は、GDPの数字を上げるものが、必ずしも国民にとっていいものとはかぎらない。

たとえば、有害物質をまき散らす産業もGDPの数字に貢献するが、環境を破壊する側面もある。また、犯罪が多発する社会は安全とはいえないが、そのおかげで防犯カメラや頑丈な鍵が売れるのであれば、経済成長に貢献していることになる。[30]

「自分で作ったもの」に縛られる

それに、「GDPに含まれないもの」についてはどう考えればいいのだろうか？

たとえばオランダ人は、掃除、他人の手助け、子どもの世話などに平均して週に22時間を費やしている。[31] しかし、これらの「手助け」や「お世話」はGDPに含まれない。皮肉なのは、純粋な善意ではなくお金のやり取りが発生すれば、これらの活動もGDPに反映されるということだ。

GDPなどの数字を出すときは、重要だと思う物事を計測する。しかしその裏には、**計測された物事が重要になる**という現象もあるのだ。

GDPは政治家が政策を決めるときの根拠になることが多い。たとえばドナルド・トランプは、自国の経済成長のために中国との貿易摩擦を正当化している。[32] またGDPは、ある国がユーロ圏に加盟できるかどうかを決める重要な指標でもある。[33]

それと同じように、IQテストの成績も大きな影響力を持つ。企業の採用活動でも頻繁に活用され、それに現在にいたるまで、IQテストで問われるような抽象的な思考力は、学校の成績や、大学入試の共通テストなどでも評価の基準になっている。大学の成績や学歴で将来が決まってしまうこともあるだろう。[34]

私たちは、自分で作った基準に縛られ、がんじがらめの状態になっている。

3 「かぞえられるもの」だけで考える

ここまで来ても、「知能とは何か」という疑問はまだ解決されていない。すでに見たように、知能の定義はどれも漠然としていて、そのまま数字に落とし込むことは不可能だ。何かを計測したいなら、その何かを明確に切り分ける必要がある。

1904年、統計学者のチャールズ・スピアマンが、「知能の定義」を無用の長物にしてしまうようなトリックを発明した。[35] つまり、何かをすべて数字で表せるなら、それを言葉で説明する必要などないではないか、ということだ。

スピアマンはテストの点数を調べ、あるテストで高得点の人は、他のテストでも高得点になる確率が高いことに気づいた。そこで彼は、すべてのテストに共通する、ある要素が存在するのではないかと考えた。

しかし、その「ある要素」とは何なのか？

「スコア」は知能そのものではない

彼は計算を行い、そしてある人物が出したすべてのテストの得点は、1つの数字に集約できると考え[36]、その数字を「g因子」と呼んだ。「g」は「一般的」という意味の「general」の頭文字であり、ある人物の一般的な知能という意味になる。

ヤーキーズと同じように、スピアマンもまた、心理学を物理学のような厳密な学問にしたいと切望していた。このg因子があれば、彼の夢は実現に一歩近づくかもしれない。

スピアマンは自信満々で、自分の仕事を「発想のコペルニクス的転回」と自画自賛した。[37]この発見を発表した論文のタイトルは、「客観的に計測・測定された一般的知能」だ。[38]

しかし、スピアマンの調査は、本当に自分で言うほど客観的だったのだろうか？

知能テストで計測できるのは抽象的な思考能力だけであり、他のさまざまな知能は含まれないという前提を受け入れたとしても、まだ問題は残っている。それは、**g因子を算出するために入力するデータはすべて数字**だということだ。

ここで考慮されるのは、「かぞえられる要素だけ」だ。抽象的な思考能力の中には、数値化できない要素もたくさんあるが、それらはすべて無視される。文章のうまさ、解決策の創造性といったことは数字で表現できない。それに、外国語を習得する速さや、失敗への対処のしかたなど、観察にかなりの時間がかかる要素も除外されている。

つまり、**IQは知能をそのまま反映した数字ではないということだ。ただ間接的に知能を表現しているにすぎない。**

テストの結果は、その人の知能そのものではなく、単なる近似値だ。

アインシュタインが壁に貼った「戒め」

もちろん、IQテストそのものが問題だというわけではない。

IQがわかれば、その人の知能をある程度までは知ることができる。何が得意で、何が苦手かということがわかる。

とはいえ、IQテストのスコアはあくまで参考資料だ。心理学者は、自分が実際に観察したこととIQスコアを比較し、その人の全体像をとらえようとすべきだろう。

問題が起こるのは、ＩＱの数値と知能がイコールであると考えるときだけだ。そして、ＩＱと肌の色の議論は、まさにそれを行ってしまっている。本来は単なる参考数値であるはずのＩＱが、唯一絶対の真実として扱われているのだ。

心理学者のエドウィン・ボーリングもまさにその点を心配し、１９２３年に「ＩＱとはテストが計測するものにすぎない」という言葉を残している。[39]

私たちの社会では、複雑な現実と数字を同一視することがよくある。数字とは、複雑な現実をわかりやすいように簡略化して表現したものでしかないのだが、まるで現実そのもののような扱いを受けている。

たとえば、自分の仕事で考えてみよう。たいていの仕事は数値化できる要素で評価される。何時間働いたか、何人の新規顧客を開拓したか、何人の患者を担当したか、といったことだ。

しかし、本当に重要なことは、いつでも数値化できるわけではない。顧客との間にどれくらい強い信頼関係を築いているか、患者に対してどれくらい思いやりを持って接しているかといった数値化できない要素も大きな意味を持つ。

ここで思い出すのは、アルバート・アインシュタインのオフィスの壁に貼られていたとされる、ある警句だ。**「大切なものすべてがかぞえられるわけではなく、かぞえられるものすべてが大切なわけではない」**

救急車で待たせるのが「良い医療」になる

ＩＱと同じで、仕事の成果を数字で表すこと自体が悪いわけではない。数字があれば、自分の仕事を評価する参考になるだろう。

ここでの問題は、数字と仕事の質がイコールになってしまうことだ。そうなると、ただ数字を上げることだけを目指し、他のすべての要素を無視する事態になる。

たとえばオランダでは、警察官は罰金を徴収した回数で評価される。[40] その結果、全国の警察では特別に**「罰金の日」**が設けられることになった。**その日はすべての警察官が、できるだけたくさん罰金を徴収するために努力しなければならない。**

運悪くその日に当たると、「無灯火で自転車に乗る」「シートベルトをしていない」といった、普段なら見逃されることの多い違反で罰金を取られてしまう。この制度で実際に社会が安全になるかどうかは二の次だ。

イギリスでも同じようなことがある。トニー・ブレアとゴードン・ブラウンが首相を務めたニューレイバー（新しい労働党）の時代に、「救急外来は4時間以内に診察しなければならない」決まりができた。すると全国で、この数字をごまかす病院が続出した。

待ち時間は病院に入った瞬間からカウントされるので、患者を救急車に乗せたままにしておけば長時間待たせることができる。そして受け付けをすませてからは、大急ぎで診察して制限時間内におさめるのだ。(41)

数字だけ見ると救急医療の質がかなり向上したことになるが、現実はその正反対だ。

「数字が良ければいい」となる

罰金を徴収した回数や、救急医療の待ち時間も、かつては警察や病院の質を計測するのに適した指標だったのだろう。

しかし今では、まったく信頼できない数字だ。**数字を基準にすると、本当に大切なことが忘れられ、ただ数字で帳尻を合わせればよしとされてしまう。**

数値目標が出されると、数字をごまかそうとする人が必ず出てくる。数字だけを上げようとして不正を働く人もいるだろう。この現象は、経済学者のチャールズ・グッドハートにちなんで「グッドハートの法則」と呼ばれている。**「数字が目標になると、その数字はあ**

てにならなくなる」のだ。[42]

数字は石鹸のようなものだ。あまりに強く握ると、手をすり抜けて落ちてしまう。

4 「たった1つの数字」で語られる

IQスコアの裏には、もう1つかなり重要な選択が隠れている。それは、**「IQを1つの数字で表す」**という選択だ。

世界初のIQテストを考案したビネーは、その考えには反対だった。「厳密に言えば、このスコアを、知能を計測する道具として使うべきではない。なぜなら知能の質は数字だけで表せないからだ」と彼は言っている。[43]

心理学者たちも長年にわたってビネーと同じ考えだった。イギリス出身で、アメリカで活躍した心理学者のレイモンド・キャッテルは、知能には2つのタイプがあると考えている。1つは知識や経験といった「結晶性知能」で、もう1つはロジカルシンキングなどの「流動性知能」だ。

すべては「わかりやすい」から

キャッテルは他の研究者と共同で「CHC理論」を生み出した。これは、知能にはさまざまな形があるという考え方であり、たとえば知識やパターン認識といった汎用性の高い「広い能力」、特定のタスクに必要な「狭い能力」などがあるとされる。[44]

CHC理論はたしかに知識の多様性を認めているが、それでも最終的にはg因子という1つの数字で表すことに変わりはない。

この理論は現在使われている多くの知能テストに影響を与えている。それらのテストは能力の種類ごとに計測するが、最終的にはIQスコアという1つの数字に集約される。

知能は1つの数字で表すべきではないと固く信じていたビネーでさえ、結局は1人の人物につき1つの数字で表す形に落ち着いた。それは「精神年齢」だ。なぜそうなったのか、私にも正確なところはわからない。

しかし、ある程度見当はついている。きっとそのほうが「わかりやすい」からだろう。

人は「ランキング」にしたい

経済学者のクズネッツが、アメリカ経済を史上初めて数値化したときから、この数字が持つ力は明らかだった[45]。

一国の経済を1つの数字で表せるようになったのは、とても画期的な出来事だ。以前も経済の各分野を表す数字はあったが、今では1つの数字を見ただけで経済の風向きがわかってしまうのだ。

この数字は人々の話題をさらった。クズネッツが出した報告書はベストセラーになった。おりしも時代は大不況のまっただ中。フランクリン・D・ルーズベルト大統領はクズネッツの数字を根拠に、自身の不況対策の有効性を訴えた。

経済のような複雑な存在を1つの数字で表すには、必ず何らかの要素を除外することになる。

GDPの場合、除外されるのは「お金に換算できないすべてのもの」だ。しかし、1998年にノーベル賞を受賞した経済学者で哲学者のアマルティア・センによると、国の成長は金銭だけで語ることはできない[46]。質の高い教育や医療が全国民に行きわたっていることなど、大切な要素は他にもたくさんある。

そこでセンは、パキスタン人経済学者のマブーブル・ハックと共同で、1990年に「人間開発指数」と呼ばれるものを開発した。現在この指数は、国の開発の程度を計測する基準として広く用いられている。
人間開発指数で重視されるのは、「平均寿命」「教育を受ける年数」「収入」の3つの要素だ。数字が高くなるほど、その国は人間の開発が進んでいるということになる。2018年は、ノルウェーがスコア0・95で世界トップだった。(47) 最下位はニジェールで、スコアは0・38。イギリスは15位だ。

国の開発度合いを計測するのに複数の基準を用いるのはいいことだが、ここでもまた、複雑な概念が1つの数字になってしまっている。
数字が1つであることの利点は、簡単で伝わりやすいことだ。1か国につき1つの数字なら、勝者と敗者がすぐにわかる。IQを1つの数字で表すと、人間のランクづけが簡単になるのと同じように。

COLUMN

「ランキング」は意味がない?

この本のオランダ語のタイトルは『(このタイトルの本としては)史上最大のベストセ

ラー』だ。これは、日常生活でよく目にするランキングへのちょっとした皮肉になっている。私たちの周りには、「世界一幸せな国」や「最高においしいドーナツ」「全国トップの病院」といったランキングがあふれている。あらゆることが数値化され、順位がつけられる。

なかにはまったくナンセンスなランキングもある。あるオリーボーレン（オランダのドーナツ）専門の料理人がオランダのテレビのトークショーに出演し、『アルゲメン・ダグブラド（ＡＤ）』紙のランキングで最低の「1」をつけられたが、その数字は不当だと訴えた。[48] どうやら審査員がつけた点数は、最低でも3点だったようだ。

新聞社のデスクのハンス・ナイエンハウスは、間違いを認めたうえでこう説明している。「当方からの要請で、10点満点に変更して点数をつけ直してもらいました。そのほうが、良し悪しがわかりやすいと思ったからです[49]」

同じ『ＡＤ』紙が発表する年間病院ランキングも、実情をほとんど反映していない。『ＡＤ』は毎年、その年の評価基準を決めている。２０１４年、オランダのビジネス専門家ヘルム・ヨーステンが、『ＡＤ』のランキングにおける各病院の順位の変動を調べたところ、毎年平均して最低でも25位は動いていると指摘した。[50] ある年にトップ10に入った病院も、たいてい次の年は下位に沈んでいる。

このランキングを参考に「最高の病院」を選んでも、実際に手術を受ける頃にはすでに「最高」ではなくなっているということだ。

真実は「複数」存在する

ＩＱに話を戻そう。知能のような抽象的な概念を１つの数字で表すことには、まだ大きな問題がある。それは、たとえ同じ概念でも、計測する方法はたくさんあるのが普通だということだ。

ここでも人間開発指数を例に考えてみよう。平均寿命、教育を受ける年数、収入といったそれぞれの要素を、どうやって合計したらいいのだろうか？　国内の格差はどう扱えばいいのだろう？　それに加えて、男性と女性の違いもある。これもまた、考慮しなければならない重要な要素ではないだろうか？

これらの問いに、明確な１つの答えは存在しない。

こういった疑問を持ったのは、実は私ではなく、人間開発指数（ＨＤＩ）を発表している国連だ。国連は人間開発指数と並べて、「不平等調整済みＨＤＩ」と「ジェンダー調整済み

HDI」も発表している。それらの指数を見れば、各国の分野ごとの点数や、計測方法の限界、計測できない分野などを知ることができる。[51]

しかし、こういった微妙なニュアンスが新聞に取り上げられることはめったにない。**数字が1つだからわかりやすいのであって、数字がいくつもあったらかえってわかりにくくなってしまうから**だ。現実をできるかぎり忠実に反映しようとしたら、「もし」や「しかし」といった条件がずらりと並ぶことになるだろう。

たとえば「貧困」を計測する数字は、貧困をどう定義するかによって大きく変わる。[52]国連食糧農業機関（FAO）の定義によると、日常的に十分な量のカロリーを摂取できないなら、その人物は「栄養不足」ということになる。

しかし、「十分な量のカロリー」とはいったいどれくらいなのか？　一日中パソコンに向かってキーボードを打っている人と、一日中鍬《くわ》で畑を耕している人では、十分なカロリー量は大きく異なるだろう。

世界の飢えは「増え」ているし「減って」いる

2012年、FAO自身が計算方法を変えてみたところ、「飢え」の定義によって最終的な数字が大きく変わることが明らかになった。[53] **ある計算方法では、世界の飢餓率は年々上昇しているが、別の方法では逆に下降していた**のだ。

それに加えて、表す数字が「飢えに苦しむ人の絶対数」か、それとも「全世界の人口に占める割合か」を選ぶ必要もある。すべての個人を大切にするという姿勢なら、絶対数のほうが理にかなっていると思うだろう。しかし、人口の大半が十分に栄養を摂っていることを重視するなら、パーセンテージの数字のほうが便利だ。

これは倫理の問題であり、統計学は関係ない。

ＩＱテストもそれは同じだ。研究者がどの要素を重視するかで、結果が大きく変わってくる。１９８４年、心理学者のジェームズ・フリンが、前の世代のＩＱを調べ、驚くべきことを発見した。**過去1世紀の間、人類のIQが上がり続けている**のだ。

１９３０年代の人たちのスコアを今の基準で計算すると、知的障害の境界領域とされるＩＱ70という結果になる。一方で、現代人のスコアを１９３０年代の基準で計算するとＩＱ１３０になり、私たちはギフテッドの仲間入りだ。[54]

フリンがこの事実を発見したのは、ビネーが世界初のＩＱテストを実施した80年後のことだった。世代間でここまで知能の開きがあるのに、なぜこんなにも長い間、誰も気づかなかったのだろうか(55)？

「バックグラウンド」が消える

フリンの計算結果が科学的に正しいことは、今までに何度も証明されている。しかし数字が示すような知能の向上は、一見したところなかなかわからない。

なぜなら、ＩＱテストの内容はおりにふれて新しくなっているからだ。

たとえば、子どもを対象にしたウェクスラー式知能検査は１９４９年に初めて実施され、それ以降１９７４年、１９９１年、２００３年、２０１４年と４回にわたって内容が改訂されている。質問が新しくなっただけでなく、スコアのつけ方も見直されている。

ＩＱテストはつねに平均が１００になるしくみになっている。そのためテストを新しくするときは、まずある集団にテストを受けてもらい、それから平均が１００になるように調整するのだが、調整する前のスコアが時代とともに高くなっているのだ。昔と比べて社会全体のＩＱが上昇しているというフリンの主張の根拠はここにある。

フリンはその理由について、私たちがある種の抽象的な思考が得意になったからだと考えている。そして過去１世紀の間、学校や職場でその種の抽象的な思考がことさらに重視されるようになった。

数世代前の人たちとまったく同じ認知力の人が現代のＩＱテストを受けたら、昔の人のスコアより低いスコアしか出せないだろう。[56]

5　「出てほしい結果」に寄せる

ヤーキーズの知能検査に話を戻そう。

彼は第１次世界大戦中、新兵を対象に知能テストを実施した。ヤーキーズの研究チームがテストの結果を分析したところ、移民は概して知能が低く、黒人は全体で最低の成績だった。

しかし、彼らが発見したことは他にもある。[57]テストの点数と教育を受けた年数との間に、強い相関性が認められたのだ。

ところがヤーキーズは、その結果を見ても、教育によって知能を高めることができるという結論にはいたらず、むしろ逆だと考えた。「学校に通う年数が長くなる最大の要因は持って生まれた知能が高いからであるという考え方は、今回の結果によって確実に裏づけられた」と彼は言っている。

つまり、黒人の知能が低いのは学校に通う年数が短いからではなく、持って生まれた知能が低いから学校が続かないということだ。

これがヤーキーズの結論だが、当時は隔離政策によって黒人に教育の機会がなかったことは、都合よく忘れていたようだ。

「直感」を信じる科学者たち

ヤーキーズの推論で問題なのは、相関関係をすべて因果関係だと決めつけていることだ。この問題については、4章でさらに詳しく見る。

彼はこの間違った推論の結果、肌の色で知能が決まるという結論を出した。しかし純粋に試験の結果だけを見れば、その結論を裏づける証拠はどこにも存在しない。**ヤーキーズは数字をそのまま解釈するのではなく、自分の直感を信じてしまった**のだ。そして人間の直感は、生きている時代の影響を免れない。

ヤーキーズはこの知能テストをもとに、『アメリカ人の知能に関する研究(A Study of American Intelligence)』という本を書いた。その序文には、「アメリカ市民であるならば、人種の劣化という脅威、および移民と国家の進歩の間にある明確な関係を無視することは許されない」と記されている。(58)

ヤーキーズの思想が時代の影響を受けていることは、この一文からも明らかだ。アメリカで移民に関する議論が起こるたびに、優生学者たちはこのヤーキーズの言葉を好んで引用してきた。

このように、たとえ客観的に見える数字でも、実際はそれを解釈する人間の偏見や思惑の影響を大きく受けている。この現象は、本書でもたびたび登場することになる。

知能テストの生みの親であるビネーも、知能は不変の存在ではないと当初から警告を発していた。[59] それでもヤーキーズは、知能テストの結果を「不変の存在」として扱い、その人物の持って生まれた知能を表していると決めつけたのだ。

GDPの生みの親であるクズネッツも、GDPの数字は国民の幸福とイコールではないと警告している。[60] それにもかかわらず、20世紀を通して、GDPはまさに国民の幸福を測る物差しとして利用されてきた。

この種の解釈はとても危険だ。数字を正しく扱いたいのであれば、**数字には「語っていないこと」もたくさんある**と認識しなければならない。つまり言い換えると、GDPは単に「生産」を表す数字であり、IQは「テストの点数」でしかないということだ。

しかし、そこに思い込みや偏見が介在すると、数字は実際に語っていないことまで語っていることにされてしまう。

お腹が空くだけで「IQ」は下がる

ヤーキーズの知能テストから1世紀を経た今、私たちは新兵たちのテストの点数について何を語ることができるだろう？　IQのスコアは、本当に知能を表しているのか？

その答えは「ノー」だ。ビネーも警告していたように、IQの数字は絶対的ではない。それを裏づけるもっとも強力な証拠がフリンの発見だ。人間のIQが世代ごとにどんどん上昇しているからといって、昔の人が救いようのないボンクラで、私たち現代人が大天才だということにはならない。

現代人のIQが高いのは、ただ単に時代の要請によってある種の抽象的な思考が得意になったからだ。『天才！』（講談社）などのベストセラーで知られるマルコム・グラッドウェルも、「IQ（略）からわかるのは、頭のよさではなく、どれだけ現代に適応しているかということだ」と言っている。[61]

IQが環境と遺伝子の両方で決まるということは、心理学者も認めている。生活環境の影響力はとても大きい。たとえばインドの農民を対象にしたIQテストでは、収穫前に行ったテストの点数が収穫後に比べて平均して13ポイント低くなる。[62] これは、収穫前は食糧がないために空腹で、お金もなくなっているために、生活の心配が先に立ってテストに集中できないからだ。

またケニアでは、1984年からの14年間で、子どもの平均ＩＱが26ポイント以上も上昇している。[63] こんなことは可能なのだろうか？ 研究者たちは、この期間で生活環境が大きく改善したことを指摘している。高い教育を受けた人たちが親になり、栄養状態が改善され、子どもたちの健康状態が向上したことが、スコアの急上昇を説明しているのだろう。

専門家が「勘違い」する

アフリカ系アメリカ人も同様に、環境の改善によってＩＱのスコアが上昇している。白人との差は以前と比べるとだいぶ小さくなってきた。ここ30年の間に、白人と黒人のＩＱの差は4〜7ポイント縮んでいる。[64]

簡単にいえば、経済学者のウィリアム・ディケンズと心理学者のジェームズ・フリンが2006年に発表したように、アメリカの黒人と白人の間に絶対的なＩＱの差があるという考え方は間違っていたということだ。

ＩＱはその人の知能を表す数字ではない。ＩＱと持って生まれた知能を同一視するのはまったくのナンセンスだ。黒人と白人の生活環境が違うのであれば、遺伝や生物学的な違いだけでIQの差を説明することはできない。

たしかに状況は改善されているとはいえ、アメリカにおける黒人と白人の格差は今でも顕著に残っている。2016年、黒人の世帯年収の中央値は1万7600ドルだった。白人の同中央値は17万1000ドルで、実に約10倍の開きがある。[65]

黒人が多く暮らす地域（たいていは貧しい地域）の学校は、白人が多く暮らす地域の学校に比べて教育の質が低い。[66]それに、差別は現在も続いている。架空の履歴書を使った調査が行われるたびに、黒人を連想させる名前の求職者のほうが採用される確率が低いことが証明されてきた。[67]

以上の背景を考えると、白人と黒人でテストの点数が違うのはむしろ当然だろう。ここに「人種」という要素を読み取ろうとするのは、他に言葉が見つからないのであえてこう表現するが、愚かとしか言いようがない。

数字を「真実を理解するツール」として使う

「私だってむしろ黒人が超優秀だったほうがよかったと思っていますよ」

この章を通して見てきたように、知能のような抽象的な概念を標準化するとき、そこには必ず研究者の主観的な判断が介在する。こう書くと数字には何の意味もないのかと思うかもしれないが、そんなことはない。数字には、数字がなければ見えなかったような隠れたパターンを明らかにする力がある。

しかし、**数字に間違った期待を持つのは危険であり、数字はいつでも客観的だと信じ込まないように注意しなければならない。**

数字は思考停止の言い訳として利用されることもある。

「私だって(略)むしろ黒人が超優秀だったほうがよかったと思っていますよ。(略)でも現実はそうではないのです」と発言したときのイェルナズ・ラマウタルシングも、まさに思考停止の状態に陥っていた。

これは私の責任ではない、と彼は主張する。ただ数字がそう言っているだけだ、と。

この世界は複雑だ。もし数字を重視するのであれば、数字の限界も知っておかなければならない。

数字の裏には、誰かの主観的な判断が潜んでいる。世の中には数値化できないものも存在し、そして数字が語らないこともたくさんある。数字は絶対的な真実ではない。ただ真実を理解する助けになってくれるだけだ。

一方、数字には、物事の隠された姿を見せてくれる力がある。たとえば、アーチー・コクランは数字を使って治療の有効性を検証することができた。IQもまた、人々の助けになることができる数字だ。心理学者はIQを参考に、子どもの発達についてより詳しく知ることができる。そしてアメリカの黒人と白人の間でIQに違いがあることがわかれば、格差を認識するきっかけになるだろう。

つまり、数字は会話の結論ではなく、むしろ出発点だということだ。私たちは数字をきっかけに、さらに質問を重ねていかなければならない。

調査の過程でどのような選択や決断があったのだろうか？　この差はどこから来るのだろう？　この数字は政策にどのような影響を与えるだろうか？

そして、もっとも大切な質問。この数字は、私たちが大切だと信じるものを計測しているだろうか？

3章

サンプリングの罠

「異常な集団」が人類代表になる

1948年に撮影された1枚のモノクロ写真がある。

写真の中で、1人の中年男性が新聞をつかんだ両手を高くあげている。写真に写る新聞の一面には、「デューイがトルーマンをやぶる」という見出しが躍っている。写真の男性は満面の笑みで、犬歯の1本に入ったひびまで見えるほどだ。この写真は、彼が地球上でもっとも大きな権力を握る人物になった、まさにその瞬間をとらえている。

この写真は歴史的な1枚だ。それは新聞に書かれている通り、トーマス・E・デューイがトルーマンに勝ったからではない。むしろ勝たなかったからこそ歴史的な1枚になった。写真の男性は、デューイのライバルのハリー・トルーマンだ。(1)

そして彼が手に握った新聞は、情勢を完全に読み間違えていた。事前の世論調査を見る限り、デューイの圧勝は確実だった。そのため『シカゴ・デイリー・トリビューン』紙の編集長は、結果を待つことなく、この見出しで新聞を発行したのだ。(2)

なぜ「トランプ勝利」を誰も予測できなかったのか?

この写真の男性は、2016年11月のドナルド・トランプでもおかしくなかった。ヒラリー・クリントンの勝利を予想した数多くの新聞のどれかを手に持ち、カメラに向かってポーズを取る。もちろん顔には満面の笑みを浮かべている。新聞の予想がことごとく外れたからだ。

「なぜトランプは世紀の番狂わせを演じることができたのか?」と、選挙の翌日に発行された『ニューヨーク・タイムズ』紙は書いている。「トランプ勝利を予想した者はほとんどいない。有識者も、世論調査も、われわれメディアも、なぜこの結果を予想できなかったのだろうか?」(3)

プリンストン大学教授のサム・ワンは、世論調査の結果からクリントンが勝利する確率

は99%と計算した。もしトランプが勝つようなことがあったら虫を食べるという約束までしている。(4)

そして選挙の4日後、彼はCNNの生放送で実際にコオロギを食べた。味は「ナッツのよう」だったそうだ。(5)

「サンプル」が世の中になる

トルーマンの予想外の勝利から約70年がたち、これまで何度も疑問視されていた世論調査の信頼性が、再び大きく揺らぐことになった。

世論調査にはそれなりの影響力がある。メディアが候補者について書く内容に影響を与え、テレビ討論に出演できるかどうかも世論調査で決まる。それに加えて、世論調査の結果を見てから戦略的に投票先を決めたい人もいれば、さらに世論調査を見てから投票所に行くかどうか決める人もいる。

つまり世論調査には、直接的、間接的に、選挙の結果に影響を与え、ひいては民主主義そのものに影響を与える力があるということだ。

世論調査の信頼性が問題になるのは、何も選挙にかぎった話ではない。世論調査に使われる**「サンプリング」**という手法は、日常的に目にするさまざまな数字の裏にも存在する。たとえば、貧困の定義を決めるときも、セクハラに関する統計をまとめるときも、新薬の試験を行うときも、サンプリングという手法が使われている。

この種の調査を行うとき、すべてのアメリカ人、すべての女性、すべてのがん患者を対象にするのは不可能だ。前に登場した医師のアーチー・コクランも、捕虜収容所内にいる浮腫の患者全員を調査したわけではない。そのうちのたったの20人だ。心理学者のロバート・ヤーキーズも、知能テストの対象に選んだのは、すべてのアメリカ人男性ではなく新兵だけだ。

つまり**選ばれたサンプルたちは、私たちが世界を理解するレンズの役割を果たしている。**

サンプリングは「味見」である

オランダのライデン大学教授イェールケ・ベツレヘムによると、サンプリングという手法は人類の歴史と同じくらい古い。[6] 自分では気づいていないかもしれないが、誰もがこの手法を使っている。たとえば料理の味見をするときは、小さいスプーン1杯の量だけ味を見て全体の味を判断する。

「サンプル」という意味のオランダ語「steekproef」は、元々はチーズの市場で何百年も前から使われていた言葉だ。「steekproef」の「steek」は、何かにものを「突き刺す」という意味で、「proef」は「試す」という意味になる。試食する人がチーズに管を突き刺してサンプルを取り、試しに食べるということだ。


人々の数字熱が本格的に高まりつつあった1824年、世界初のサンプルを使った世論調査が行われた。(7) その年のアメリカ大統領選挙は、1776年の独立以来もっとも盛り上がっていた。4人の候補が大接戦だっただけでなく、アメリカ国民が参政権を手に入れたばかりの時期に行われた選挙でもあったからだ。(8)

有権者は情報に飢えていた。そして「数字の時代」に生きる人間にふさわしく、あらゆるものをかぞえだした。この候補者に対する乾杯は何回行われたか？　この候補者に賭けた人はいるか？

間もなく、数字に興味のある有権者たちが、軍事パレード、独立記念日のパーティ、地元のバーなどで、人々の好みを聞いて回るようになった。新聞も数字を報道した。特に自社が応援する候補者にとっていい数字が出たときは大々的に報道した。

そして時代を1世紀早送りすると、そこには1948年の選挙に勝利して満面の笑みを浮かべるトルーマンがいた。その間に、世論調査の手法はますます洗練された。専門の世論調査会社が誕生し、全国規模の調査が行われるようになった。

それに、調査の対象は選挙以外にも広がっている。働く女性から戦争まで、国連から普通の風邪まで、今やアメリカ人はあらゆることに対して自分の意見を述べることができる。(9)

しかし1948年の選挙結果を受けて、サンプル調査の問題が浮き彫りになった。(10)デューイとトルーマンの争いで、調査会社はなぜあそこまで大きく予想を外したのか。それ以外の予想は信用できるという保証はどこにあるのだろう。

世論調査の結果は、いったいどこまで信用できるのだろうか？

アメリカ人男性の「50％」は浮気する？

こうやって芽生えた疑問の声は、1948年に発表されたある研究にも向けられることになった。804ページにもなる大著にまとめられたこの研究は、誰もが思わず目をむくようなものを対象にしている。それは、人々の「性生活」だ。

本の著者は、生物学者のアルフレッド・キンゼイだ。キンゼイは同僚のウォーデル・ポメロイ、クライド・マーティンと共同で、5300人のアメリカ人男性から性生活に関して話を聞いた。[11]

この研究をまとめた『人間に於ける男性の性行爲』(コスモポリタン社)は25万部を超えるベストセラーとなり、数か月にわたって全国のベストセラーリストに掲載された。あらゆるラジオ番組がこの本を特集し、あらゆる漫画家がこの本をネタにマンガを描いた。[12]

誰もがこの本に登場する数字を話題にした。アメリカ人は基本的に貞操を重んじるとされているが、この研究によると、現実はまったく異なるようだ。男性の90%が妻以外の女性と婚前交渉を経験し、50%は浮気の経験があり、37%は男性との性交渉を経験している。12人に1人は動物との性交渉の経験があり、農場で育った男性にかぎればその数は6人に1人になる。[13]

なかでも特に驚くのは、これらの数字が現代でも使われていることだ。男性の10人に1人はゲイだという数字を聞いたことはあるだろうか？　その数字の出典もこの研究だ。[14]

しかし、そもそもこれらの数字は正しいのだろうか？

1948年の大統領選挙の騒動を見ればわかるように、世論調査の数字をそのまま信じるのは考えものだ。雑誌『ライフ・トゥデイ』の当時の記事を読むと、「6000万人いるアメリカ人の男性のうち、わずか5300人から話を聞いただけの研究は、いったいどこまで信じることができるのだろうか？」という記述がある。(15)

批判の声が大きくなるにつれ、キンゼイの研究費の大半を負担したロックフェラー財団も黙っていられなくなった。そして1950年、3人の高名な統計学者に依頼し、キンゼイ本人を徹底的に絞り上げることにしたのだ。(16)

世界の頭脳による「怪しい研究」調査
――ハーバード、J・ホプキンス、プリンストン

キンゼイの研究室を訪ねた3人の高名な統計学者は、まず地下室で待たされることになった。その部屋はほぼセックスに関する本で埋め尽くされている。彼らはみな多忙で、本当ならこんなことに時間を割きたくはなかった。

フレッド・モステラーはハーバード大学の教授で、ウィリアム・コクランはジョンズ・ホプキンス大学で生物統計学部長を務めている。もう1人のジョン・ターキーは、プリンストン大学で教えるかたわら、ベル研究所で次々と新特許を取得していた。

彼らがインディアナ州の「セックス研究所」を訪ねたのは、純粋な義務感以外の何ものでもない。3人の任務は、世間の話題をさらっているセックス研究の信頼性を、科学的に正しく評価することだ。

3人が研究所の一室に案内されると、すぐに勢いよくドアが開いた。そこに立っていた男性の背後には、大勢の秘書やスタッフが控えている。彼こそが、この研究所の責任者であるアルフレッド・キンゼイだった。そしてキンゼイの命運は、3人の統計学者の手に握られている。

キンゼイ教授は長身で、蝶ネクタイがトレードマークだ。キャリアの出発点はスズメバチの研究だった。アメリカ全50州のうち36州を回り、さらにはメキシコまで出かけて、できるだけ多くのスズメバチの種を収集した。捕まえたスズメバチはすべて丹念に計測し、記録した。

しかし1938年、大学である仕事を任されたことをきっかけに、まったく畑違いの分野に大いに興味を持つようになる。インディアナ大学で「結婚と家族」という授業を担当することになったのだ。この授業の目的は、学生たちに結婚生活への準備をさせること――つまり「性生活」について教えることだ。

サンプル調査の「6つの落とし穴」

正教会を信仰する家庭に育ったキンゼイは、自慰行為をやめられなかった少年時代、自分はどこかおかしいに違いないと思い込んでいた。家の中でセックスの話題はタブーで、性に関する情報を手に入れる手段はなかった。アルフレッド少年にできるのは、ただ神に向かって、「この罪深い行いをやめさせてください」と祈ることだけだった。

そんなキンゼイも、大学で結婚生活について教えるようになった頃はすでに40代で、性の知識は以前より増えていた。

しかし、そもそも性生活における「普通」とはいったい何なのだろう？

その答えを知っている人はまだ誰もいなかった。性行動に関しては、人間よりもスズメバチのデータのほうがたくさんあったほどだ。

そこでキンゼイは、生徒たちにいろいろと尋ねてみることにした。エクスタシーは経験したことがあるか？　自慰行為はするか？　売春婦とセックスしたことはあるか？

しかし、これではまだデータが足りない。そこでキンゼイは、全国10万人を対象に調査を行い、データを集めることにした。(17) そして権威あるロックフェラー財団を説得し、研究資金の確保に成功する。財団側もセックスは微妙なテーマだとわかっていたが、それでも本人は幸せな結婚生活を送り、どこかオタクっぽいこの教授以外に、セックス研究の適任者はいないと判断したのだ。

研究対象が人間になっても、キンゼイの取り組み方はスズメバチのときと同じだった。どこまでも中立的で、対象に特別な思い入れはない。「われわれはあくまで事実を記録し、伝える存在だ」と彼は言う。「対象の行動を批判する立場ではない」

簡単に言うと、「事実のみ。意見はなし」ということだ。

キンゼイのレポートが出版されて2年がたち、その仕事の評価は3人の統計学者にゆだねられることになった。

そして、3人は調査の過程で、サンプルを扱う際の**6つの致命的な間違い**を発見した。

1 「状況」あるいは「質問」に問題がある

「最初のセックスの知識は主にどこから入手しましたか？」

「痛みを感じる夢、あるいは痛みを与える夢は見ますか？　何かをムリヤリやらされる夢、あるいは誰かにムリヤリ何かをやらせる夢は見ますか？」

「初めて女性にお金を払い、セックス、あるいはその他の性行為をしたのはいつですか?」

3人の統計学者は、調査の一環として自分たちもセックス調査の被験者となり、キンゼイ本人や研究チームのメンバーから性生活についてさまざまな質問を受けた。つまり、研究のために行われたインタビューをそのまま体験したということだ。

インタビューの長さは平均して2時間だった。質問の数は350個から521個で、被験者の性経験の中身によって数が変わる。質問をする研究者はこれらの質問をすべて暗記していた。リストに書かれた質問を読み上げる形式では、相手を緊張させると考えたからだ。

そして被験者の秘密を守るために、答えはすべて暗号で記録された。たとえば「P」は、「puberty(思春期)」「peers(友達、仲間)」「Protestant(プロテスタント)」を表す。[18]

それに加えて、キンゼイと他の2人のインタビュアーは、相手が秘密を話しやすいように、質問のしかたを工夫している。たとえば、「妻を裏切ったことはありますか?」ではなく、「結婚生活において、妻以外の女性と初めて性交渉を持ったのは何歳のときですか?」と尋ねる。[19]

3人の統計学者の1人、プリンストン大学のジョン・ターキーは、そんな質問をされてきっと驚いたことだろう。当時の彼は、フォークダンス教室で知り合った妻のエリザベスと結婚したばかりだった。[20]

回答者は「ウソ」をつくもの

また、セックスのように微妙な問題を扱うときは、インタビューする状況も重要になる。実際のところ、**セックスに関するあらゆる調査で、セックスをした異性の数は男性のほうが女性より多いという結果になる**ことがわかっている。

たとえば、2010年から2012年のデータを使ったイギリスの研究では、女性が答えた「これまで寝た男性の数」は平均して7人であり、男性が答えた「これまで寝た女性の数」は、平均して女性が答えた男性の数のほぼ倍だった。[21]しかし、こんなことは不可能だ。どちらの数も同じにならなければならない（次ページ図参照）。

残りの女性たちは、いったいどこから現れたのだろう？　この調査はあてにならないということなのか？　それとも男性たちのほうが外国でたくさんセックスをしているということなのか？　あるいは男性の相手の中には、インタビューの対象になっていないセックスワーカーも含まれているのだろうか？

男女とも「同じ数」に必ずなる

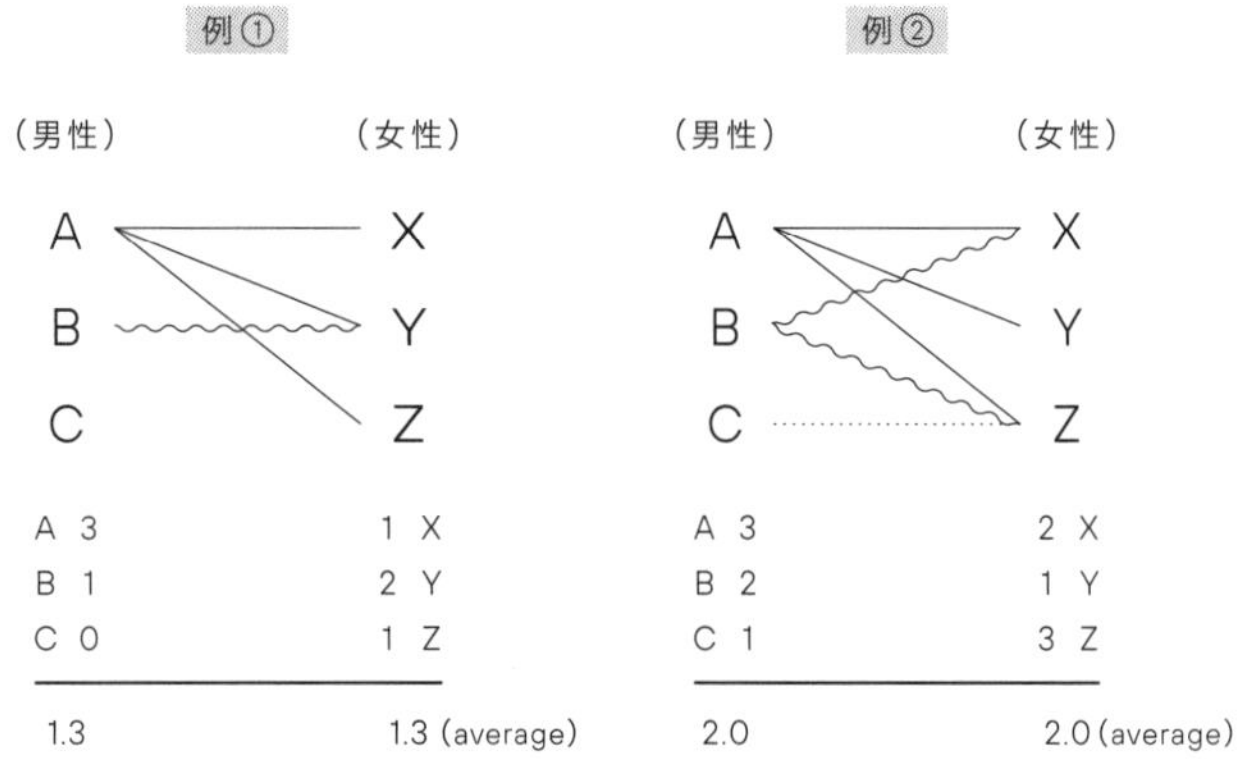

それ以外にも、有力な仮説が１つある。それは、**回答者がウソをついている**ということだ。

２００３年、２００人の学生を対象に性生活に関する調査が行われた。学生の何人かは嘘発見器につながれている。実はこの嘘発見器は偽物なのだが、学生はそれを知らされていない。

その結果、嘘発見器につながれた女性は、そうでない女性に比べ、経験人数の平均が２・６人から４・４人に増えた。実に70％の上昇だ[22]。

回答者がウソを答えることは、これまでに何度も指摘されている。つまり、相手が本当のことを言いやすいような環境を整えるのがとても大切だということだ。

それを念頭におき、キンゼイの研究を検証してみよう。はたしてキンゼイは、できるかぎり真実に近づけるよう、最高の環境を整えたのだろうか？

それを判断するのは難しい。ある比較研究によると、セックスに関する調査で、これが最適だという方法は存在しない。自分1人で質問票に記入する形のほうが正直になるというデータもあるが、キンゼイの調査のようなインタビュアーとの会話があったほうが、言いにくい秘密も打ち明けやすいという考え方もある。(23)

質問が「誘導」になっている

サンプルを使った調査では、調査の状況に加えて、「質問のしかた」も大きな意味を持つ。

ある種の質問は、それが意図的であっても、そうでなくても、回答者をある決まった方向に押す力がある。インドのナレンドラ・モディ首相が、ある論争を呼んだ政策に関して行った世論調査がいい例だ。

２０１６年11月、その当時流通していた５００ルピー札と１０００ルピー札は、インド政府の決定で今後は法定通貨として認められなくなった。年末までなら両替は可能だが、期間は２か月もない。

モディの狙いは、汚職と脱税を一掃することだった。それに加えて、現金から電子マネーへの切り替えを促したいという意図もあった。電子マネーの普及は首相の目玉政策の1つだ。

しかしこの決定に国民は大反発した。反対派は、やり方があまりにも過激すぎると主張する。インドに流通する紙幣の86％がいきなり使えなくなるのだ。そんなに大量の紙幣をわずか2か月足らずで両替するなど、何事もなく終わるわけがない。

そこでモディは、反対派を黙らせるために世論調査を行うことにした。調査開始から30時間で50万人が回答し、そして首相はその結果に大いに満足した。**回答者の90％以上が、首相の政策を「よい」、あるいは「すばらしい」と評価した**のだ。

しかし、ここで質問の中身をよく見てみよう。

- インドにブラックマネー（裏社会の資金）は存在すると思いますか？
- 汚職とブラックマネーと闘い、これらを一掃することは必要だと思いますか？
- 政府のブラックマネー対策についてどう思いますか？
- 政府の反汚職の取り組みについてどう思いますか？
- ５００ルピー札と１０００ルピー札を廃止する政府の決定についてどう思いますか？

質問に答えるごとに、回答者は「紙幣の廃止は腐敗を一掃するために必要だ」という方向にどんどん押されていく。「はい」と答えるしかない質問を持ってくることで（腐敗をなくしたくないと思う人などいるだろうか？）、回答者はいつの間にか、政府の決定に賛成するしかない立場に追い込まれていくのだ。

「NO」と答えられない

調査の質問はこれだけではない。「紙幣の廃止によって、一般の人でも不動産、高等教育、医療に手が届きやすくなる」という文に賛成かどうか問われる質問まで出てくると、もう開いた口がふさがらないと言わざるをえない。しかもこの質問は、「完全に賛成」「一部は賛成」「よくわからない」という3つの選択肢から答えを選ぶようになっている。**反対することは不可能**なのだ。

インド経営大学院バンガロール校でマーケティングを教えるプリトウィラージ・ムカルジー教授は、「私のマーケティング研究の授業でこんな調査を作ったらすぐに落第だ」と言っている[24]。

正しい調査は中立的な質問をする――これが大原則なのだが、実際のところ行うのはかなり難しい。質問のしかたをほんの少し変えるだけで、答えが大きく変わることもある。

2014年、アメリカのニュース専門テレビ局CNNと、調査会社のギャラップが、テロリズムに関する意識調査を同時に行った。(25) どちらも電話を使った調査で、回答者の数と構成はほぼ同じだ。それにもかかわらず、結果に大きな違いが出た。**テロリズムは大きな問題だと答えた人は、CNNの調査では14％だったのに対し、ギャラップではわずか4％**だったのだ。

原因はおそらく、質問のしかたにある。CNNは、選択肢から答えを選んでもらう形式の質問だった。「アメリカが直面する問題のうち、もっとも大きな問題だと思うものを選択肢の中から選んでください」という文面で、選択肢には「経済」や「気候変動」などと並んで「テロリズム」も含まれていた。

一方でギャラップは自由回答式の質問だった。「アメリカが直面するもっとも重要な問題は何だと思いますか？　自由に回答してください」という文面だ。「テロリズム」という言葉が出てこないと、それが大きな問題だと考える人は少なくなるようだ。

「ウソ」をついても仕方がない状況

キンゼイのセックス調査もそれと同じで、質問のしかたが回答の中身に大きな影響を与えたと考えられる。キンゼイとしては、被験者が本当のことを答えやすいように質問を工夫したのだろうが、残念ながら正反対の結果になってしまったかもしれない。

たとえば、「最初に自慰行為をしたのはいつですか？」という質問では、自慰行為をしたことがない人に「自分は普通ではない」と思わせてしまう可能性がある。その結果、回答者はウソをつくかもしれない。


それでも3人の統計学者は、実際に被験者になったところキンゼイの調査手法に大いに感心し、性生活のような微妙な情報を集めるのに最適の方法であると判断した。

とはいえ、それで彼らの懸念がすべて払拭されたわけではない。問題は質問内容や状況ではなく、むしろサンプルに選んだ人々だった。

2　ある「特定の集団」が排除されている

3人の統計学者がもっとも問題視したのは、サンプルが偏っていたことだ。キンゼイが情報を集めた場所は、ゲイバー、刑務所、大学だった。そして彼の手法は、控えめに表現してもかなり型破りだった。

「私たちは被験者と一緒に、ディナー、コンサート、ナイトクラブ、劇場に出かけた。

（略）一緒にビリヤードを楽しみ、酒場で一緒に飲み、彼らの友達も紹介してもらった」とキンゼイは言っている。[26] さらにキンゼイは、自分の子どもまで被験者に加えていた。

キンゼイの研究チームは、9年ほどの間に1万1000人以上から話を聞いた。男性は約5300人、そして女性は約6000人だ。女性から話を聞いた結果も、数年後に1冊の本になっている。インタビューを行ったのは、キンゼイと2人の同僚だけだ。正しいインタビューをすると信頼できるのが、この2人の同僚しかいなかったからだという。彼らは長時間働き、頻繁に出張もした。

たしかにキンゼイたちの努力は称賛に値する。

しかし**サンプル調査で大切なのは、数ではなく、誰をサンプルに選ぶか**ということだ。キンゼイの調査の問題も、まさにそこにあった。

ネット調査で「人口の7割」がはじかれる

キンゼイが調査で訪れていない場所はたくさんある。たとえば、保守的な教会コミュニティ、工場、地方の村などにはほとんど足を踏み入れていない。それに黒人男性の回答者も皆無だった。[27]

だ。

その一方で、同性愛者、学生、中西部の住人の数は飛び抜けて多い。要は、本のタイトルを『人間に於ける主にアメリカ中西部の白人男性の性行為』に変えるべきだということだ。

ある特定のグループだけが調査の対象に選ばれるという問題は今でも存在する。たとえば、先ほど見たモディ首相の新政策に関する調査がいい例だろう。

アンケートはモディ首相のアプリを通して行われたのだが、2016年の時点で、インドでインターネットを利用できた人は人口のわずか30%だ。[28] 利用できる人はたいてい社会階層が高く、すでに現金よりもクレジットカードを使うことが多い。それにスマホを持っていない貧しい人たちとは政治的な立場も違うだろう。

しかしそれ以前に、モディ首相を支持しない人が、わざわざ首相のアプリをダウンロードするわけがない。さらに首相のアンケートは、ヒンディー語と英語で書かれていた。その2つの言語を使えない何百万もの人々は最初から除外されている。

「実験被験者」は偏っている

科学的な調査であれば、結果は一般化できると思われがちだが、実はある特定の集団を排除していることもしばしばある。たとえば**心理学では、欧米諸国の調査のデータばかりが使われている。**２００８年の調査によると、過去5年間に発表された研究の実に95％が欧米出身者を被験者としていた。そのうちもっとも多いのがアメリカ人で、68％を占めている。[29]

しかもサンプルの中身をさらに詳しく見てみると、特定の集団に属する人が大半を占めていることに気づく。それは、**「研究が行われた大学の心理学部の学生」**だ。彼らは簡単に集められ、研究のお礼にチョコレートでももらえれば喜んで協力するだろう。

心理学者のジョセフ・ヘンリックと同僚たちは、心理学研究のサンプルを「ＷＥＩＲＤ」と呼んでいる。「Western（西洋）」「Educated（高い教育を受けている）」「Industrialized（先進国）」「Rich（金持ち）」「Democratic（民主的）」の頭文字だ。[30]

研究の結果は一般化され、まるで人間全般にあてはまるかのように言われるが、実際のところ「ＷＥＩＲＤ」の人々はその他の集団とかなり違っていることもある。

ＷＥＩＲＤとその他の違いは、ごく基本的な心理プロセスにも現れる。有名な「ミュラー・リヤー錯視」を例に考えてみよう。図の左側にあるAとBは、どちらが長く見えるだろうか？　たいていの人はAのほうが長く見える。しかし実際は、図の右側を見ればわ

ミュラー・リヤー錯視

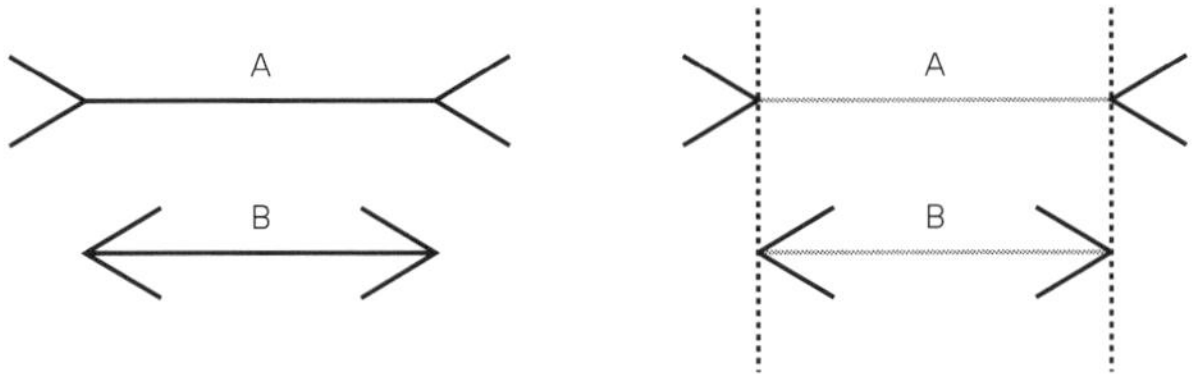

かるように、AもBも同じ長さだ。

これは錯視の典型的な例だが、WEIRD以外の人を対象に調査を行ったところ、すべての人が錯視を起こすわけではないことがわかった。たとえばカラハリ砂漠に暮らすある部族は、どちらも同じ長さに見えるという。[31]

「男性」で調べた薬を「女性」に投与していた

サンプルからある特定の集団を除外すると、深刻な影響が出ることもある。

1990年まで、ほとんどの新薬の臨床試験は男性だけを対象に行っていた。[32]女性の場合、試験中に妊娠したらリスクが大きいという問題があったからだ。

1950年代から60年代にかけて、サリドマイドの薬害が大きな社会問題となった。母親が妊娠中にサリドマイドを服用したために、多くの子どもが四肢に先天的な障害を持って生まれてきたのだ。

この事実だけでも、男性だけで臨床試験を行う危険性がよくわかるだろう。

女性が臨床試験の対象になっていなかったのは、女性は1か月の間にホルモンバランスが変動するので研究が難しいという理由もあったとされている。とはいえ、同じ薬でも、女性と男性で反応がまったく異なることもある。

2001年、アメリカ政府説明責任局が、有害な副作用が出たためにリコールされた薬品の調査を行ったところ、10種類の薬品のうち8種類は、女性が服用すると特に強い副作用が出ることがわかった。そのうちの4種類は、男性よりも女性に処方されることのほうが多かった。

残りの4種類は、処方は男女同じくらいだが、それでも副作用が出たのは女性のほうが多かった。たとえば、高血圧の治療に使われるポシコールという薬は、年配の女性が服用すると心拍数が落ちたり、あるいは心臓が止まったりする副作用があるが、年配の男性にそのような症状は見られなかった。(33)

ありがたいことに、近年はこの問題への対処も進んでいる。アメリカとEUは法整備が進み、臨床試験に女性も含まれることが多くなってきた。

だからといって、サンプルの中から特定の集団を排除することがきわめて危険であることに変わりはない。

3　インタビューの「対象」が少なすぎる

サンプルが大きいからといって、その調査が実態を反映していることの保証にはならない。

とはいえ、それでもサンプルの大きさは大切だ。

結果が「極端」になりがち

アーチー・コクランが捕虜収容所で行った調査を思い出してみよう。彼は後に、あれは自分の実験の中で最大の成功だったと述べている。ドイツ軍の力も借りて、兵士たちを苦しめる膝の浮腫に打ち勝つことができたのだ。

しかしその一方で、最悪の実験だったという評価もしている。それは、実験の対象がたった20人（10人のグループが2つ）だったからだ[34]。

小さなサンプルの問題は、極端な結果につながりやすいことだ。

たとえば、家を出て最初にすれ違った人が女性だったとしよう。そして少し歩くと、次にすれ違った人もまた女性だった。この2人のサンプルだけで、「人類は100％女性だ」という結論を出すのはおかしな話だ。

この実験を続け、すれ違う相手が増えるほど、相手が女性だけになる確率は低くなっていく。そして最終的には、現実と同じように男女半々の比率に近づくだろう。

小さなサンプルの調査が信用できないのもこれが理由だ。調査の結果は、もしかしたら現実をまったく反映していないかもしれない。

科学的エビデンスが「少人数」から導かれる

比較実験でも、サンプル数の少なさは大きな問題になる。2つのグループの違いが、実際よりもかなり大きくなってしまうかもしれないからだ。社会心理学者のエイミー・カディが行った有名な実験について考えてみよう[35]。

カディは同僚たちと共同で、体の姿勢と心理状態の関係について実験を行った。すると、力強いポーズ（足をテーブルに乗せる、両手を広げる、など）をとると、心理状態にも大きな影響があることがわかった。

被験者は、力強いポーズをとると自分が強くなったように感じるだけでなく、実際に生理的な変化も起こった。支配性のホルモンであるテストステロンが増加し、ストレスホルモンのコルチゾールが減少したのだ。この実験を発表したカディのTEDトークは大きな評判を呼び、彼女の著作もベストセラーになった。

しかし、研究をよく見てみると、ごく少ないサンプルで実験が行われたことがわかる。**実験の参加者はわずか42人だった。他の研究者が、200人の被験者でカディの実験を再現したところ、カディほどの大きな違いは認められなかった。**たしかに自分が強くなったような気分の変化はあったが、ホルモンの値は特に変わらなかったのだ[36]。

小さなサンプルの研究は今でも行われている。特に神経科学などの分野では、大きなサンプルでは純粋にお金がかかりすぎる問題があるからだ[37]。

しかし、**こういった研究を参考に人間の精神、健康、発達を理解していたら、とんでもない勘違いをしてしまうかもしれない。**

「世論調査の第一人者」の失敗

キンゼイのセックス研究所で5日間をすごした3人の統計学者は、調査の結果を報告書にまとめた。彼らはキンゼイと討論を重ね、黒板に公式や数字を書き連ねながら、彼の実験が実態を反映していないことをなんとか理解してもらおうと努力した。

キンゼイは憤慨したが、統計学の知識がないために有効な反論はできなかった。

キンゼイは統計学者たちがどんな報告書を書くのか心配だった。

そこでニューヨークまで出かけ、ジョージ・ギャラップに助言を求めることにした。当時、ギャラップは世論調査の第一人者で、世論調査のことならこの人物に聞けば間違いないと思われていた。大統領選挙の予想では、1936年、1940年、1944年と3回連続で当選者を的中させている。

しかし1948年は予想を外した。『シカゴ・デイリー・トリビューン』紙が、結果が出る前から自信満々で「デューイ勝利」のニュースを一面に持ってきたのも、ギャラップら調査会社の予想を信用したからだ。

ギャラップの失態の原因は間もなく明らかになった。それは**「割り当て法」**と呼ばれるサンプリングの手法だ。

全米各地で調査を行っていたギャラップの調査員たちは、あるリストを持たされていた。そこには「地方の中流家庭の女性」といったように、有権者の「タイプ」が書かれている。調査員は、このタイプごとにインタビューする最少人数が決められていた。

「話を聞きやすい人」に聞いている

これまで見てきたサンプリングの問題点を考えれば、ギャロップのやり方は理にかなっているように思える。すべてのタイプの人をサンプルに含み、さらにタイプごとに最少人数が決まっているからだ。

マーケティング会社は、現在でもこの割り当て法を使っている。すべての郡や州からサンプルを選び、年齢や性別に偏りが出ないように気をつけている。そしてデータが集まってからも、ある特定の集団だけが多くなりすぎたり、少なくなりすぎたりしないように調整を加える。

たとえば、女性の回答者が少なすぎることがわかったら、女性の答えの比重を男性の答えより大きくするといったことだ。このような調整を加えることで、実態をより正確に反映したデータを手に入れることができる。

しかし、ギャロップの割り当て法にも避けられない問題が1つあった。ある調査員が書いた調査の報告書に、図らずもその問題が浮き彫りになっている。

1937年、この調査員は「教育レベルの低い男性」の意見を集めるために、建築現場で働く男性から話を聞いた。労働者と一緒にお昼を食べながら、「ドイツとの条約には賛成か、それとも反対か？」などと尋ねる。(38)

この調査員によると、この方法は裕福な人たちには使えないという。「勇気を振り絞って高級住宅地に出かけ、どのお屋敷がいちばん話しやすそうか選ばなければならない」と彼は言う。

広い庭に番犬がいて、見知らぬ訪問客を追い返すような家に住んでいる人からは、どうやって話を聞けばいいのだろう？　あるいは、教育レベルの低い男性でも、工事現場ではなく自宅で昼食をとっている人は？

彼らは、いちばん話しやすそうなお屋敷の住人や、工事現場でお昼を食べる労働者とは違う意見かもしれないが、その意見が調査員の耳に届くことはない。

適当に「針」をさしたほうが正確

割り当て法の問題、さらに現代の世論調査会社が使っている「重みづけ」（評価する項目ごとに重要度によって「5」「3」「1」といった重みをつけて集計する方法）の問題は、個人の意見が、簡単に計測できる少数の要素(たとえば収入、性別、年齢など)によって決まるという思い込みがあることだ。

しかし、人の意見や考えはそれだけでは決まらない。持って生まれた性格や将来の夢、若い頃の体験、性的指向、親友の意見など、あらゆるものから影響を受ける。つまり、個人の意見に影響を与える要素を特定するのはほぼ不可能だということだ。どの要素を重視してデータを調整するかに関しては、正解は存在しない。

そう考えると、キンゼイが取るべきだった手法は割り当て法ではないとなる。しかし、それならどの手法ならよかったのだろうか?

3人の統計学者には答えがわかっていた。それは**サンプルを無作為に選ぶ「無作為抽出」**だ。統計学者の1人のジョン・ターキーによると、**ただ電話帳を開き、デタラメに針を刺してサンプルを選んだほうがいい結果になる**という。**「特定の集団に属する1万8000人よりも、無作為に選んだ400人から話を聞くほうが正確な結果が得られる」**と彼は言う。(39)

この無作為抽出という手法は、現代でもサンプル調査の正解とされている。調査の対象になるチャンスはすべての人に与えられているので、その結果は全体をもっとも正確に反映しているはずだという考えだ。(40)

政府の統計局のような組織では、全国民のデータベースを保管し、そこからランダムにサンプルを選んでいる。

1948年の屈辱を受けて、ギャラップをはじめとする調査会社は無作為抽出を使うようになった。そして窮地に立たされていたキンゼイも、無作為抽出をぜひ学びたいと考えた。しかし、この無作為抽出という手法は、本当にそこまで優れているのだろうか？

キンゼイは実際にニューヨークのギャラップを訪ね、何時間にもわたって無作為抽出の講義を受けている。そのときギャラップに言われたのが、「統計学者の批判は心配しなくていい」ということだ。

無作為抽出も完全無欠ではなく、実は大きな欠点がある。それは、**すべての人を調査の対象にするのは不可能**だということだ。

4 「回答」を拒否する人が多い

ギャラップたちが無作為抽出の調査を始めたところ、すぐにある問題が浮かび上がった。留守で話が聞けない人や、質問に答えたがらない人がいるということだ。

無作為にサンプルを選ぶのは、たしかに科学的には正しい方法なのかもしれない。しかしギャラップのような調査員たちも、そこまで忍耐強くなかった。何よりもまずお金を稼がなければならない。

そこで彼らは、そこまで厳密に全体を反映しなくてもよしとすることにした。

「答えたくない調査」は有効？

たとえ全体を反映するような集団を対象にしても、彼らの中に何らかの理由で答えてくれない人がいれば、結果として集まった答えは全体を反映していない。特にキンゼイのテーマである「セックス」の質問は、答えたくない人が多いだろう。

たとえば、キンゼイが大学で行った調査では、女子学生に話を聞いている部屋の外で、男子学生が列を作って順番を待っていた。質問が長くなるのは、最初の質問で「性体験がある」と答えた場合だけで、男子学生もそのことは知っていた。つまり、女子学生のインタビューが1時間以上続いたのなら、彼女は処女ではないということだ[41]。

多くの女子学生がキンゼイの調査に協力したがらなかったのも当然だろう。

あまりにも多くの人に調査への協力を断られたら、せっかくの「無作為抽出」もそれだけで使い物にならなくなる。

たとえば2015年の『ニューヨーク・タイムズ』紙に、「女子学生の4人に1人がキャンパス内で性暴力を経験」という見出しの記事が掲載された。[42] 女子学生の25％が性暴力の被害者というのは、衝撃的な数字だ。

しかしありがたいことに、この数字はおそらく実際よりかなり高くなっている。記事の元となった、288ページの研究レポートを読んでみよう。[43] レポートによると、研究に参加したのはわずか27大学だ。全米には膨大な数の大学が存在するので、27校だけでは全体を反映しているとは言いがたい。

それに加えて、質問を受けた女子学生は77万9170人だったが、そのうち回答したのはわずか15万72人。**サンプルの19・3％**ということになる。

大事なことが「省略」される

回答しなかった人たちも回答者と同じような構成だったら、調査の結果に特に影響はないだろう。しかし、違うと考える理由はたくさんある。

たとえば、性暴力を受けたことがない人は、わざわざ回答しようとは思わないかもしれない。仮に回答しなかった80％の人が性暴力の経験がないとしたら、性暴力の経験者は全体の25％から5％に低下する。その一方で、回答しなかった人がすべて性暴力の経験があ

るとすれば、その数字は85％に跳ね上がる。(44)

性暴力のような深刻な問題では、数字の扱いにも慎重にならなければならない。実際、元の研究を行った研究者たちもこの問題を認識していたので、きちんと注意書きをつけていた。

しかし『ニューヨーク・タイムズ』は、あえてセンセーショナルな見出しを選んだのだ。

無作為抽出を要求した3人の統計学者に対して、キンゼイは「十分な回答者が集まらない」と反論できたかもしれない。とはいえ、回答を拒否しそうな人を最初から除外するのも得策ではない。性暴力の調査でも見たように、回答を拒否した集団が与える影響についても考える必要があるからだ。

この「欠けた情報」の存在によって、キンゼイの調査はただ信頼できないだけでなく、どこまで信頼できないかもわからない状態になっている。

5　「誤差」が無視される

世論調査が現実を反映しない原因のうち、ここまでは「質問文が悪い」「サンプルに偏りがある」「サンプルが少なすぎる」「回答しない人がいる」という4つを見てきた。

しかし、たとえスイスよりも中立的な質問文を考え、全体を反映するサンプルを十分に集めたとしても、絶対に解決できない問題が1つ残っている。それは、**全員を調査するのは不可能**だということだ。

インタビューできるのは対象となる集団の一部であり、サンプル調査とはそもそもそういうものだ。小さな集団で、全体をそのまま反映することはできない。キンゼイが無作為抽出を使っていたら、同性愛者の数がわずかに増える結果になったかもしれないし、あるいは浮気の経験者が減る結果になったかもしれない。

しかし、**すべては偶然の産物**だ。誰が調査の対象になるかで、結果は左右される。

現実との間に「ずれ」がある

そのため、調査にはつねに**「誤差の範囲」**が存在する。

誤差の範囲とは、調査結果と現実の間にあるずれの範囲だ(45)。一般的に、サンプルが大きくなるほど、誤差の範囲は小さくなる。

ここで仮に、キンゼイがサンプルを無作為に選んでいたとしよう。回答者の50％がウソをついているとしたら、誤差の範囲はどれくらいになるだろうか？

話を聞いたのが100人だけだったとすると、パーセンテージの上下10ポイントが誤差の範囲だ(46)。上下10ポイントということは、20ポイントもの幅があるということになる。しかし、ここでサンプルを5300人に増やすと、誤差の範囲はわずか1・3ポイントまで減少する。

メディアはサンプル調査の誤差を指摘しないことが多い。特に選挙のときがそうだ。世論調査の誤差はわずか2ポイントほどかもしれないが、支持率が2ポイント変われば、新聞のコラムでもテレビのトークショーでも大きな話題になるだろう。

トランプ勝利は「想定内」だった

2016年のアメリカの大統領選挙では、世論調査の結果が大きく間違っていたとされている。

しかし**誤差の範囲を考えれば、そこまで間違っていなかったのかもしれない**。

いくつかの州では、たしかに世論調査がまったくあてにならなかった。たとえばウィスコンシン州では、トランプの得票率はマーケット大学ロースクールの世論調査を6ポイント上回っている。さらにミルウォーキー州の郊外では、実に10ポイントも上回っていた。[47]

しかし全体的に見れば、世論調査の予想はかなり正確だった。**全有権者の得票数で考えると、[48]トランプの得票数は予想をわずか1から2ポイント上回っていたにすぎない。**権威あるABCニュースと『ワシントン・ポスト』紙の世論調査も誤差の範囲は4ポイントと報告しているので、十分にその範囲内だ。[49]

つまり、誤差の範囲まで考慮に入れていれば、トランプの勝利はべつに驚くようなことではないのだ。さらに言えば、世論調査と実際の結果の差は、2012年にオバマ大統領が勝利したときよりも小さかったのだ。それでも2012年の調査に文句を言う人は誰もいない。[50]

2016年に予想を間違えたのは、世論調査会社ではなく、メディアだったといえるだろう。

ここでの教訓は何だろう？　それは、**数字を集めるときは、完全に正確な結果は期待できないのが普通である**ということだ。

数字は現実を正確に反映した姿ではない。むしろ磨りガラスを通して現実を眺めるようなものだ。**だいたいの輪郭はわかるが、細部まではっきり見えることは絶対にない。**

COLUMN

5%が10%になったら「5%増」?

「はじめにお断りしておきます」。2015年3月18日、選挙速報を伝えるオランダのニュース番組で、キャスターのディオンヌ・スタックスはこう切り出した。[51]「本来は『パーセントポイント』と言うべきなのですが、今夜は省略してすべて『パーセント』と言うことにします。ご了承ください」

選挙の夜はいつもそうだ。テレビで「パーセント」という言葉が間違って使われるたびに、テレビ局には視聴者からの苦情が殺到する。オランダの地方選挙も例外ではない。スタックスが選挙結果を伝え始めると、ツイッターではすぐに批判の言葉があふれ出した。

その理由は、**「パーセント」と「パーセントポイント」をきちんと区別していなかったからだ。**

この2つはどこが違うのか。

たとえば、ある政党の前回の得票率が5パーセントで、今回は10パーセントまで伸びたとしよう。スタックスなら、「得票率が5パーセント伸びました」と言うだろう。しかし、厳密にはこの表現は間違っている。**以前の倍になったのだから、伸び率は5パーセントではなく100パーセント**だ。この場合は、「得票率が5パーセントポイント（あるいは略してポイント）伸びました」と言わなければならない。

6 研究者が「ある結果」を望んでいる

1954年、キンゼイの研究所を訪れた4年後に、モステラー、コクラン、ターキーの3人の統計学者は、338ページにおよぶ報告書を発表した。彼らはその中で、キンゼイのセックス研究を批判的に論じている。キンゼイのレポートはたしかに労作ではあるが、選んだサンプルはアメリカ人男性の全体を反映しているとは言いがたい。

一方でキンゼイは、その間に女性の性生活に関するレポートも出版していた。これも前と同じ方法で調査を行っているので、サンプルが偏り、結果として現実の誤った姿を反映することになった。

しかし、大衆にとってはそんなことはどうでもよかった。1997年に出版されたジェームズ・ジョーンズによるキンゼイの伝記から引用すると、「ほとんどのアメリカ人は学者の言うことなど気にしなかった。彼らはただ、アメリカ人女性に関するキンゼイの発見を知りたかっただけだ」ということだ。[52]

異常な「X氏」だけで作られたデータ

キンゼイのセックス研究に関しては、現在でも激しい議論が続いている。しかし議論の的になっているのは、サンプルの正当性ではなく、男性の性生活を報告した本の第5章に登場する衝撃的な図表だ。

それらの図表のサンプルは317人の少年だ。上は15歳で、下はわずか生後2か月となっている。1つ目の図表はオーガズムを体験したことがある割合、2つ目はオーガズムに達するまでに要した時間（平均3・02分）、そして3つ目と4つ目の図表は観察期間中に複数回のオーガズムを経験した少年が含まれる。なかにはオーガズムの状態が24時間も続いたという少年もいた。

図表の注意書きによると、このデータを提供したのは9人の男性ということになっている。しかし2005年、それはウソだということが判明した。**情報源はたった1人の男性**

た。

だったのだ。[53] キンゼイが情報源は複数いるとウソをついたのは、この男性を守るためだった。

情報源の男性をX氏と呼ぶことにしよう。X氏は幼少期、祖母と父親と性交渉があった。[54] それが性に取り憑かれた人生の始まりだった。キンゼイの同僚は、1972年に初めてこの男性について書いている。

X氏はキンゼイの研究チームと知り合った頃、「すでに思春期前の少年600人と、思春期前の少女200人と性交渉があり、さらにかぞえ切れないほどの成人の男女と、多くの種の動物とも性交渉があった（略）」という。[55]

X氏は自身のさまざまなセックスの記録を詳細につけていた。

「自分の悩み」で考えてしまう

キンゼイはその記録を見たとき、まさに金鉱を発見したような思いだった。

「長年にわたってここまで詳細なデータを集めたのはすばらしいことだ。あなたの研究者魂を讃えたい」とキンゼイは書いている。

X氏の職業は公務員で、全米各地に出張することが多い。その際、宿泊したホテルの壁にドリルで穴を開けて隣室をのぞき、性行為が行われていればすべて記録したという。

「あなたがホテルで行った観察にとても興味がある」とキンゼイは書いている。キンゼイ自身は、このデータを使うことに何のためらいもなかったようだ。むしろ事実を集めるのは研究者の責務だと信じていた。そこに倫理的な判断は必要ない。

しかし、その考えは間違っている。研究者は、つねに倫理的な判断を下しているのだ。どの主題が重要か、被験者をどう扱うか、集めた情報を最終的にどう利用するかといったことを決めるのは研究者の役割だ。

データを複数の情報源から集めたとウソをついたのは、科学者として間違った行為だった。そして児童への性的虐待を容認したのは、倫理的な間違いになるだろう。X氏を研究仲間として扱うことで、キンゼイは彼の行動を容認していたのだ。

しかも、問題はそれだけではない。キンゼイには隠された意図があった。一見したところ、ただ科学にしか興味がないようなこの蝶ネクタイの教授は、実は数十年もの間、自身のセクシュアリティで苦しんでいた。

ジェームズ・ジョーンズの伝記によると、キンゼイは男性と性交渉の経験があり、SMを試し、大学の同僚たちに配偶者以外とも性的関係を持つオープン・マリッジを推奨していた。

研究者の「思想」がグラフになる

保守的な社会の空気のせいで、人々は本当の自分を押し殺しているとキンゼイは信じていた。それにあろうことか、小児性愛は世間で思われているほど悪いことではないとも考えていた。現に同僚たちに向かって、大人と子どものセックスには利点もあると話したこともあったという。

2004年、リーアム・ニーソン主演の映画『愛についてのキンゼイ・レポート』が公開されると、1948年に出版されたキンゼイの報告書が再び議論の的になった。セックスの自由を提唱する人たちは、キンゼイはセックス革命の先駆者であり、避妊用ピルや同性愛者の権利に道を拓《ひら》いたと称賛した。一方で反対派は、不道徳な性行動を許容する下地を作ったと非難した。

しかし、どちらの立場をとるにせよ、キンゼイのデータは客観的ではないという事実を避けて通ることはできない。

キンゼイには、性に関する保守的な態度を打ち破りたいという意図があり、彼のデータはその意図から影響を受けている。つまり、データを集める方法だけでなく、データを集める人物も大切だということだ。

キンゼイは偏ったデータを集め、そのデータをもとに自分の直感は正しかったと確認した。彼は調査を始める前から、人々の実際の性行動は、世間で「普通」とされているものとはかなり違うと信じていたのだ。

キンゼイの研究は一種の運動であり、それがグラフやチャートといった科学の仮面をかぶっていただけだ。

4章

「コウノトリ」と「赤ちゃん」の不思議な関係

人は、「因果関係」と「相関関係」を混同する

1953年、タバコ業界は窮地に陥っていた。[1] フィリップ・モリス社、USTといった大手タバコ会社の株価が急落したのだ。

直接の原因は、アーネスト・ウィンダーのがん研究チームが発表した報告書だ。彼らはマウスの背中の毛を剃り、そこにタバコのタールをラクダの毛のブラシで塗るという実験を行った。[2]

実験の結果は衝撃的だった。タールを塗った81匹のマウスのうち、44%ががんを発症したのだ。そして20か月後も生きていたのはわずか10%だ。タールを塗らなかったマウスではがんはまったく見つからず、20か月後も53%が生存していた。

この実験は、『ニューヨーク・タイムズ』紙、『ライフ』誌、そして当時最大の人気雑誌

『リーダーズ・ダイジェスト』で大きく取り上げられた。なかでも『リーダーズ・ダイジェスト』に掲載された記事のタイトルは、そのものずばり「タバコを吸うとがんになる」だ。

科学者が「陰謀」に加担する

大手タバコ会社もついにこの騒動を無視できなくなり、その年の12月、ニューヨークのセントラルパークにある有名レストラン、オーク・ルームに各社の幹部が集合し、対策を話し合うことになった。[3] 彼らの目的は、タバコに批判的な研究者たちからタバコ業界を守ることだ。

作戦を立てるにあたり、白羽の矢が立てられたのがジョン・ヒルという人物だ。ヒルは、アメリカ最大手のPR会社、ヒル・アンド・ノウルトンのCEOだ。ヒルの力を借りれば、ウィンダーらの報告書は事実無根であると、アメリカの大衆を納得させることができるはずだ。

大手タバコ会社の幹部たちは、タバコの害はすべてでっち上げだと証明するつもりだった。

そして年が明け、1954年1月4日、大手タバコ各社は共同で「タバコ業界調査委員会」を発足した。[4] そして全国400以上の新聞で全面広告を展開し、「私たちの製品は健康に害を与えない」と宣言した。[5]

彼らの主張はこうだ。人類は数百年にわたってタバコを楽しんできたのであり、批判者は人間のあらゆる病気をタバコのせいにしているだけだ。これまでもタバコの健康被害が話題になることはあったが、そのたびに証拠不十分で訴えは退けられてきた。しかし、タバコ業界としては、たとえほんの少しでも健康被害の疑いがあるなら、それを無視するわけにはいかない。そこで共同で調査委員会を立ち上げ、「タバコと健康に関するあらゆる側面」を研究することにした。

その後ほぼ50年の長きにわたって続き、かぞえ切れないほどの命を奪った陰謀はこうやって始まった。

アメリカ司法省は、後にタバコ業界を糾弾し、あの12月の運命の日、タバコ業界の幹部は「喫煙の健康被害についてアメリカ国民を欺く」決断をしたと言っている。[6]

しかし、大衆を欺いたのはタバコ業界だけではない。**数多くの科学者もまた、この陰謀に加担していた。**

統計で「ウソ」をつける

タバコ業界が全国の新聞で全面広告を展開したのと同じ年、ダレル・ハフの『統計でウソをつく法』（講談社ブルーバックス）という本が出版された。(7) この本は、おそらく数字に関する本では史上最大級のベストセラーだろう。ハフは統計学者ではなく、好奇心旺盛なジャーナリストだ。(8)

ハフはそれまでに、写真、キャリア、犬に関する本を書いている。そして次に彼の興味をとらえたのが数字のウソだった。「悪党たちは数字でウソをつく方法をすでに知っている。だから善良で正直な人々も、自衛のためにそれを学ばなければならない」と彼は言う。『統計でウソをつく法』は空前のベストセラーとなり、英語版だけで150万部以上を売り上げた。

ちなみに私自身も、数字に関する本の中ではこの本がいちばん好きだ。ハフはユーモアを交えながら、数字でウソをつくさまざまな方法を解き明かしてくれる。サンプルが偏っている世論調査や、誤解を招きやすいグラフといったいだましの手法は、今の時代もまだまだ健在だ。

ハフはそれに加えて、もう1つのよくある間違いについても書いている。それは、**「因果関係」**と**「相関関係」**を混同することだ。これは、2つのものの間に何らかの関係があるだけで、どちらかがもう一方の原因になっていると決めつけるような手口のことをいう。

「コウノトリ」がとまる家はなぜ子どもが多い？

たとえば、「コウノトリが赤ちゃんを運んでくる」という説について考えてみよう。

この説が生まれたのは、屋根の上にコウノトリの巣がたくさんあると、その家には赤ちゃんがたくさん生まれる傾向があるためだ。つまり、コウノトリの巣と赤ちゃんの数の間にはつながりがある。

しかし、ここで真実を明かすと、コウノトリは赤ちゃんを運んでこない。コウノトリと赤ちゃんの数の間に相関関係はあるが、因果関係はない。

この場合はむしろ、この2つの現象を起こしている、何か別の原因があると考えられる。

「家が大きければ、おそらく子どもの数も多いだろう」と、ハフは書いている。「そして**大きな家にはたくさん煙突があり、その煙突にコウノトリが巣を作るので、巣の数も増える**」

相関関係と因果関係を混同しないのは、統計学者だけでなく、私たち一般人にとっても大切なことだ。しかし現実は、この「因果関係のように見える」現象から、多くの重要な決断が生まれてしまっている。

たとえば政府が緊縮財政を選ぶのは、そうすれば財政赤字が減ると信じているからだ。喫煙者がタバコをやめるのは、タバコを吸うと肺がんになると医者に言われたからだ。そして私がなるべく飛行機を使わないようにしているのは、そのほうが環境に優しいと専門家が言っているからだ。これらの態度の裏にあるのは、「何かの現象の原因がわかれば、その現象を変えられる」という考え方だ。

しかし、ここで因果関係と相関関係を混同してはいけない。すでに見たように、肌の色がIQに影響を与えるという主張が存在するのも、あるいは心理学者のエイミー・カディが、あるポーズを取るとホルモンの値が変わると考えたのも、因果関係と相関関係を混同したからだ。

3つのウソつきの相関関係

この混同がもっとも頻繁に起こるのは、「健康」に関するニュースだろう。

ジントニックを飲むと花粉症の症状が和らぐ[9]、陰毛を剃ると性感染症にかかりやすい[10]、ダークチョコレートを食べると心臓病にならない[11]――私たちの周りには、この手の健康情報があふれている。

こういった情報は、だいたい大げさに語られている。それはセンセーショナルな話題を好むメディアだけの責任ではない。

実際のところすべての発端は、たいてい研究の成果を発表する大学の広報部だ。

研究者のペトロク・サムナーが同僚たちと共同で、２０１１年に発行された大学のプレスリリースを調べる研究を行った。対象は、イギリスの20の大学が発表した生物医学と健康科学の研究だ。サムナーらによると、**プレスリリースの約33％で因果関係を誇張している例が見られ**[12]**、そしてそれらの研究を取り上げたニュースの80％が誇張したまま伝えていた**という。

科学者もジャーナリストも１００％は信用できないとしたら、ニュースの消費者であるあなたは、どうやって事実とフィクションを見分ければいいのだろう。たとえば、喫煙が肺がんの原因になるという説は、本当に正しいのだろうか？

そこで、先ほど紹介した『統計でウソをつく法』の出番となる。著者のダレル・ハフはこの本の中で、因果関係と勘違いされやすい相関関係の3つのタイプを教えてくれている。ここではその3つのタイプを、まとめて**「ウソつきの相関関係」**と呼ぶことにしよう。

1 ただの偶然

ジョナサン・ショーンフェルドとジョン・ヨアニディスという2人の医師が、ある意外なものを使ってがん研究の分析を行った。その意外なものとは、「レシピ本」だ[13]。

2人はまず、『ボストン・クッキングスクール・クックブック』というレシピ本からランダムにレシピを選び、使われている材料が50種類になるまで書いていった。次にこのリストを手に医学研究アーカイブの「PubMed」に突撃し、50種類の材料について調べる。

すると、とても興味深い結果が出た。**50種類の材料のうち40種類は、1つかそれ以上の研究で「がんと関係がある」とされていた**のだ。ショーンフェルドとヨアニディスは疑問を持った。「私たちが食べるものは、すべてがんと関係があるのだろうか？」

しかし、彼らの次の発見は、さらに輪をかけて奇妙だった。**ある1つの材料が、がんのリスクを高めるとも、がんのリスクを下げるとも言われている**のだ。たとえば、ある研究ではワインは体にいいとなっているのに、別の研究ではワインは飲まないほうがいいとなっている。

がんとさまざまな食材・飲み物との相関関係

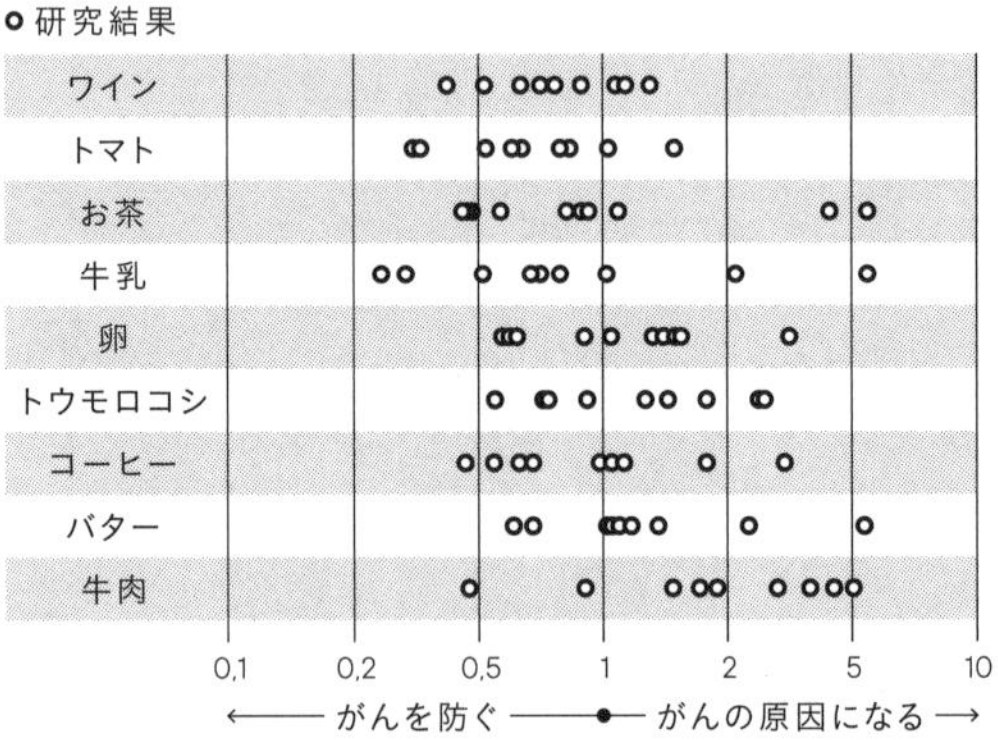

出典：Schoenfeld and Ioannidis (2013)

「がんの原因」にも、「がん予防」にもなる食べ物

そこでショーンフェルドとヨアニディスは、最低でも10の研究結果が手に入る20種類の食材に研究対象を絞ることにした。その20の食材のうち研究結果に矛盾があったのは、トマト、お茶、コーヒー、牛肉など、全部で17種類だった。

すべての研究結果が正しいということはありえない。これらの研究を行った専門家たちは、いったいどうやってそれぞれの結論に到達したのだろうか？

ハフが見つけた「ウソつきの相関関係」の1つを使えば、この矛盾を説明できるかもしれない。それは、**「ただの偶然」**だということだ。

そのしくみを知りたければ、予言ダコとして一世を風靡したタコのパウルに教えてもらうといいかもしれない[14]。2010年のサッカー・ワールドカップで、パウルは8試合の勝敗予想をすべて的中させた。対戦するチームの国旗が描かれた箱を2つ並べてエサを入れたところ、パウルが最初にエサを食べた箱の国が、次の試合で必ず勝利したのだ。

パウルの周りにはつねにメディアが群がり、その予言を固唾をのんで見守った。そして決勝戦がオランダ対スペインと決まると、パウルはオランダの負けを予言し、見事に的中させた。

パウルは一躍セレブとなった。スペインのオ・カルバジーニョという街から名誉市民の称号を授けられ、イングランドの2018年ワールドカップ招致活動のアンバサダーにも就任した。

しかし、パウルはただ単に運がよかっただけだとしたら？　純粋な偶然で8試合すべての結果を的中させる確率は、コインを8回投げてすべて表になる確率と同じだ。具体的には256分の1、つまり0・4％になる。かなり低い確率だが、ロトを当てる確率はこれよりもさらに20万倍ほど低く、4500万回に1回だ[15]。

ここで、パウルのライバルだった他の動物たちも見てみよう。ヤマアラシのレオン、コビトカバのペティ、そしてタマリンのアントンだ。彼らは残念ながら、パウルほど幸運に恵まれなかった。しかし、予言を行う動物を増やせば、その中にはすべて的中させる動物が1匹ぐらいはいるはずだ。

相関関係もそれと同じだ。どんなものであっても、調べる対象を増やせば何らかの関係を見つけることができる。それを誰よりも見事に証明してみせたのが、アナリストのタイラー・ヴィゲンだ。

「ニコラス・ケイジの映画」で「プールで溺れる人」が増える

ヴィゲンは「Spurious Correlations（擬似相関）」という自身のウェブサイトでさまざまなおもしろい相関関係を発表している(16)。

いくつか例をあげると、たとえば1年間でプールに落ちて溺れる人の数は、ニコラス・ケイジ主演映画の公開本数とほぼ相関している。あるいは、アメリカにおけるチーズ消費量の増減は、ベッドシーツにからまって死亡する人の増減と恐ろしいほど相関する。

ヴィゲンの相関はどれもナンセンスで、だからこそおもしろい。しかし医療や健康に関する研究でも、同じように偶然の相関関係が生まれるとなると、笑ってばかりもいられなくなる。

その現象を理解するために、マンガ家のランドール・マンローがウェブコミックの「ｘｋｃｄ」に描いたマンガを見てみよう。(17)

ポニーテールの棒人間が、走りながらマンガのコマに飛び込み、「ジェリービーンズはニキビの原因になる！」と叫ぶ。次のコマで、2人の科学者（ビーカーを持った棒人間と、書類を握った棒人間）が、自分たちの研究によると両者の間に関係はないと告げる。「決まった色のジェリービーンズを食べたときだけニキビができるって聞いた」とポニーテールが言い張ると、2人の科学者が再び登場し、今度はジェリービーンズの色ごとに研究した結果を告げる。

ジェリービーンズの色が紫でも、茶色でも、ピンクでも、青でも、鴨の羽色でも、サーモンピンクでも、赤でも、ターコイズブルーでも、マゼンタでも、黄色でも、グレーでも、薄茶色でも、シアンでも、モーブでも、ベージュでも、ライラックでも、黒でも、ピーチでも、オレンジでも、ニキビとの関係は認められなかった。

しかし、ある1つの色とは関係が認められた。そして最後のコマで、「緑色のジェリービーンズとニキビの関係が発見された！」という見出しの新聞が登場する。

科学者が「生き残る」ためにする発表

サンプルが少なすぎることの問題はすでに見たが、このマンガは、科学界に蔓延するさらに2つの問題を教えてくれている。

1つは「出版バイアス」だ。「出版バイアス」は「公表バイアス」とも呼ばれ、**肯定的な結果が出た研究のほうが、否定的な結果が出た研究よりも世の中に発表されやすい**という傾向を表している。

世の中には数多くの研究があるが、その中で広く発表されるのはたいてい有意な相関を発見した研究だ。**有意な相関を発見できなければ、重要でないと判断される。**そうなると、メディアに取り上げられないのはもちろん、学術的な専門誌に発表することもできない。

相関が発見されなかった研究は、研究者の机のひきだしで眠ったままだ。その結果、世の中に広まる情報がかなり偏った内容になってしまう。

研究者も自分の仕事を発表したいので、データの中に明らかな相関を見つけようとする。それ自体は間違ったことではないが、ここで先ほどのマンガを思い出してみよう。ただひたすら探し続ければ、たいてい何らかの相関が見つかるものだ。

マンガで描かれた新聞の一面には、「偶然である確率はたったの5%!」という見出しも躍っている。ここで作者のマンローが言っているのは、いわゆる**「p値」**のことだ。p値とは、結果がどの程度まで偶然の産物であるか、ということを意味する。

20世紀に高名な統計学者のロナルド・フィッシャーからお墨つきを得たことにより、p値は相関の有意性を判断する唯一絶対の手法としての地位を確立した。

「滅多に起きない出来事」は必ず起きる

たとえば、緑色のジェリービーンズとニキビの間に何か関係がありそうだと考えたとしよう。この相関を証明するには、アーチー・コクランのような実験を行えばいい。被験者を2つのグループに分け、1つのグループには1か月間、毎日緑色のジェリービーンズを食べてもらい、もう1つのグループは緑色の砂糖の錠剤を食べてもらう。

1か月後、砂糖の錠剤を食べたグループのうち、ニキビができたのは10%だった。そしてジェリービーンズを食べたグループのほうは、ニキビができた人がそれよりも多かった。しかし当然ながら、この結果はまったくの偶然の可能性もある。

仮にグループの100%にニキビができたのであれば、それを偶然で片づけることはできない。しかし、90%ならどうだろう? 50%は? 有意な相関かどうかを決めるには、どこかで線を引かなければならない。

そこで登場するのがp値だ。

この場合のp値とは、ジェリービーンズが実際はニキビの原因になっていないのだが、それでもジェリービーンズを食べてニキビができる確率のことだ。この**「偶然ニキビができる確率」が決まった値（たいてい5％）より低ければ、実験で偶然の結果が出る確率は低いので、相関性は統計的に有意と認められる。**

しかし、だからといって単なる偶然である可能性が完全に消えたわけではない。p値が5％なら、どんな研究であれ、5％の確率で偶然の相関関係が見つかることになる。確率は低いかもしれないが、驚くような結果は必ず出現する。

たとえば宝くじに当たる確率はもっと低いが、それでも当たる人が必ず存在するのと同じだ。

そしてここで、科学における数字の問題の2つ目が登場する。それは「pハッキング」と呼ばれる行為だ。

欲しい結果が出るまで「実験」する

社会科学の多くの分野では、長年にわたってp値を絶対視する習慣があった。

学術専門誌は統計的に有意と認められた研究だけを選んで発表するので、そうなると研究者たちは、「パブリッシュ・オア・ペリッシュ（出版されなければ死だ）」というモットーを受け入れざるをえない。

出版される研究が少なければ、科学者としての面目は丸つぶれだ。そのため科学者の中には、**p値を可能なかぎり低く抑えようとする人も出てくる。**これが「pハッキング」だ。

このpハッキングを前代未聞のレベルで悪用したのが、元コーネル大学教授のブライアン・ワンシンクだ。ワンシンクを有名にした発見は2つある。1つは、リンゴにセサミストリートのシールが貼ってあれば、子どもがリンゴを選ぶ確率が高くなるということ。[18] そしてもう1つは、人間はお皿を小さくすると食べる量も減るということだ。[19]

彼の発見は『ニューヨーク・タイムズ』紙をはじめとする多くのメディアの注目を集めた。ワンシンクは、ジョージ・W・ブッシュ政権で農務省栄養センターのトップを務めている。

しかし、彼の研究は実は穴だらけだったことが判明する。2017年にリークされたメールには、ワンシンクの研究チームの実態が赤裸々に描かれていた。

たとえば、チームのメンバーの1人は、ビュッフェ形式のレストランで調査したところ結果は出なかったと報告している。ワンシンクはそのメールへの返信で、「私の経験から言えば、最初の調査で結果が出た研究は興味深い研究ではない」と書いている。[20]

ワンシンクの中では、すでに出てほしい結果が決まっていた。「データをあらゆる方法で切り分ければ、どこかに相関が見つかるはずだ」と彼は言う。つまり、**「ニキビと関係がある色を見つけるまで、すべての色のジェリービーンズを調査しろ」**ということだ。

ここまで読むと、ショーンフェルドとヨアニディスの研究結果も特に不思議ではないことに気づくだろう。2人は過去のさまざまな研究を調査し、ほとんどの食材ががんと関係があるということを発見した。

有意な相関を見つけられなかった研究は、出版バイアスによって日の目を見ることがない。そこで研究者は、低いp値で相関を発見するまで、際限なくpハッキングをくり返す。その相関が、あるときは正の相関で、別のときは負の相関でも、そんなことはもはやどうでもよくなっている。

とにかく有意な相関でさえあればいい。

2 「大事なこと」が欠けている

1941年、アーチー・コクランのもとにドイツ軍からイーストが届けられると、捕虜収容所の浮腫患者の数はすぐに激減した。だからといって、患者の激減の原因がイーストの摂取であることが証明されたわけではない。

コクランがドイツ軍に出した要望は、「すぐに大量のイーストを送ること」だけでなく、「できるかぎり早く食事の量を増やすこと」もあったからだ。[21]

どちらの要望も無事にかなえられた。まずイーストが届き、それから数日後に食事の量も増え、まだ少ないとはいえ1日に800キロカロリーほど摂取できるようになった。

もしかしたら浮腫が激減したのは、食事の量が増えたことが原因かもしれない。その可能性も十分にある。

「間違った仮説」を検証している

問題はもう1つある。すでに見たように、コクランはこの実験を、自身の最高の実験であり、同時に最低の実験でもあると言っていた。最低の理由は被験者が少なすぎることだったが、コクラン自身がもう1つの理由を挙げている。それは、**「間違った仮説」をテストしたこと**だ。

コクランは、膝と足首の浮腫の原因は脚気だと考えていた。ビタミンB（イースト）で実験をしようと決めたのもそのためだ。しかし彼の自伝によると、脚気ではなく栄養失調が原因だった可能性が高いという。仮に栄養失調が原因だったとしたら、答えはイーストではなく、食事量が増えたことだ。

それでは、最初の実験のときにイーストを摂取して治ったのはなぜなのだろう？　その理由は「謎」だが、イーストに含まれるタンパク質が効いたのかもしれないとコクランは書いている。

これが2つ目の「ウソつきの相関関係」だ。ここでの問題は、**「原因」と「結果」の両方に影響を与える要素が見落とされている**ことだ。

コクランの実験がまさにこれだった。捕虜たちはイーストを食べてビタミンBを摂取し（原因）、そして浮腫が治った（結果）。しかしだからといって、ビタミンBが浮腫を治したということになるとはかぎらない。

「原因は1つ」と考えがち

ここで、ハフが言っていたコウノトリと赤ちゃんの関係を思い出してみよう。屋根の上にコウノトリの巣がたくさんあるから赤ちゃんがたくさん生まれるのではなく、屋根が広いから巣がたくさんあり、そして屋根が広いと家が広いから子どももたくさんいるのだ。

コクランの実験で「広い屋根」にあたる欠けた要素は、食事の量が増えたことだった。

もう1つの例を見てみよう。ハフは著書の中で、喫煙と学校の成績に関する研究を取り上げている。その研究によると、喫煙者は学校の成績が悪い。それはつまり、学生はタバコを吸わないほうがいいということなのだろうか？

しかしハフによると、この研究はナンセンスだ。ここでもまた、喫煙と成績の悪さの両方に影響を与えている、第三の要素が存在する可能性がある。

もしかしたらその要素は「社交性」かもしれない。社交的な人は喫煙率が高く、そして人づきあいで忙しいので勉強する時間がない。あるいは、外向的な性格か、それとも内向的な性格かということが関係しているとも考えられる。

ここで大切なのは、**可能性の高い理由が複数あるのなら、そのうちの1つを勝手に選んではいけない**ということだ。

「死亡率の高い治療法」がいい治療になるとき

2015年、オランダで行われた乳がん研究で同じ間違いが起こった。[22] これは3万7000人の乳がん患者を対象にした大規模な研究で、プレスリリースによると、乳房温存手術を選んだ患者（放射線療法を組み合わせることが多い）は、乳房切除術を選んだ患者より長生きする傾向があることがわかったという。[23]

この発見はメディアで大きく取り上げられ、オランダ乳がん協会には心配した女性たちからの問い合わせが殺到した。乳房切除術を選んだのは間違いだったのだろうか？　放射線療法を選ぶべきだったのだろうか？

それから間もなくして、そんな人たちを安心させるメッセージが病院のウェブサイトに掲載され、[24]そして研究者たちも、因果関係を発見したわけではないことを改めて強調した。[25]

この問題にはさまざまな要素が関わっているので、どの治療法を選ぶか（原因）ということと、生存率（結果）だけを考えればいいわけではない。

たとえば、ある患者に乳がん以外の病気もあれば（たとえば心臓病）、乳房切除術が選ばれる可能性が高くなる。[26]心臓病ですでに弱っている体では、過酷な放射線療法に耐えられないからだ。

そのため**この集団の生存率が低いのは、乳房切除術が原因ではなく、そもそも健康状態が悪かったことが原因かもしれない。**

3　「原因」と「結果」が逆

ハフが提唱した3つの「ウソつきの相関関係」の最後に登場するのは、**原因と結果が逆**になっている関係だ。たとえば、雨が降っていると、傘をさしている人をたくさん見かける。この現象から、傘が雨の原因になっているという結論は導き出せるだろうか？

もちろんそんなことはない。雨が原因で、人々は傘をさしているのだ。

しかし、原因と結果の関係は、いつでもここまではっきりしているわけではない。お金持ちがたくさん株を持っている場合、その人は株を持っているおかげでお金持ちになったのだろうか？　それとも、お金持ちだから株をたくさん買うことができたのだろうか？

どちらの可能性も十分にある。どちらが原因で、どちらが結果でもおかしくはない。お金持ちの人がいて、その人が株を買い、さらにお金持ちになり、さらに株を買う――。

いわゆる「肥満パラドックス」もこれと同じだ。肥満は健康によくないとされているが、一方で太っているほうが「標準」体重の人より長生きだという研究結果もある。これが肥満パラドックスだ。そこで研究者たちは、肥満には何らかの体を守る機能があり、それが長生きにつながるのだろうと考えた。

しかし、ここではある大切な要素が見落とされている。それは、**病気になると体重が減る**ということだ。低体重が不健康の原因になっているのではなく、実はその逆なのかもしれない。2015年、体重の減少を調整した研究が行われた結果、不健康が低体重につながるという因果関係が確認された(27)。

ここで大切なのは、**相関があるからといって、必ずしも因果関係が証明されるわけではない**ということだ。もしかしたら、その関係は単なる偶然かもしれないし、何か欠けている要素があるのかもしれないし、あるいは原因と結果が逆になっているかもしれない。

しかし、因果関係があるかどうかは、どうやって判断すればいいのだろうか? たとえば、私たちは何を根拠に、喫煙が肺がんの原因になると判断したのだろう?(28)

COLUMN

「ベーコン」がタバコになった騒動

2015年の春、ソーセージやベーコンといった加工肉に関するニュースが大々的に報じられた[29]。たとえばオランダの通信社NOSは、「加工肉を毎日食べる人は大腸がんを発症する確率がほぼ20倍になる」と報じている。

オランダだけでなく、全世界のメディアがこのニュースを取り上げた。あるいは、コメディアンのアリエン・ルバフの言葉を借りれば、「誰もがよってたかって、このニュースをどれだけ発がん性を高くして伝えられるかというゲームに参加した[30]」という状況だった。

たとえばオランダ語版『メトロ』紙を見ると、「ベーコンの発がん性はタバコ並み」という見出しが躍っている。翌日はさらに過激で、「はたして加工肉を食べても死なない方法はあるのか？」となっていた(それが実現できれば世界初だ、とルバフは皮肉を言っている)。

NOSの報道も少し大げさだった感はいなめない。「ほぼ20倍」は、正しくは「ほぼ20%増加」だ。しかし、たとえ正しい数字を報じたメディアでも、この大騒ぎに加担した。たしかに20%の増加なら、恐れるには十分だと考えられる。

しかし、この報道では大切な要素が欠けていた。そもそも「20%」とは、何の20%なのだろう？

データを見ると、オランダ人の100人に6人が、人生のいずれかの時点で大腸がんを発症することがわかる。[31] そして世界保健機関（WHO）によると、加工肉を食べるのをやめればこの数字を18％減らせるという（「ほぼ20％」という数字はここから来ている）[32]。

つまり、**100人に6人が、100人に5人まで減る**ということだ。


健康に関するニュースでは、このようなことがよく起こる。「ほぼ20％」のような相対リスクの形で表現され、それが具体的に何を意味するのかまでは教えてくれない。

この場合は、「100人に1人」が具体的な数字だ。

喫煙者の命を救ったのはヒトラー？

喫煙と肺がんに関する調査はどのように始まったのだろうか？ 1953年、アーネスト・ウィンダーの研究チームがマウスの背中にタバコのタールを塗る実験の結果を公表すると、タバコ業界に激震が走った。

とはいえ、タバコの健康リスクに関する調査はそれが初めてではない。古くは1898年に、ドイツ人医学生のヘルマン・ロットマンが喫煙と肺がんの関係を指摘している。1

930年には、ドイツ人医師のフリッツ・リッキントがタバコと肺がんの相関をほぼ世界で初めて証明した[33]。

それと同じ頃、アルゼンチン人医師のアンヘル・ロッフォが、世界で初めて動物を使った実験を行った。彼の場合はウサギの耳にタールを塗るという方法だった。実験結果を描写したイラストを見ると、ウサギのフサフサした茶色の耳に、毒々しいラズベリーピンクの斑点がいくつもできているのがわかる。ロッフォは喫煙と肺がんに関する記事を何百本も発表した。発表した媒体は、主にドイツの専門誌だ。

喫煙と健康に関する初期の研究がドイツに偏っているのは偶然ではない。1930年代、ドイツの医学は世界でもっとも進んでいた。

それに加えて、アドルフ・ヒトラーが喫煙を心底嫌っていたという理由もある。

科学が「イメージ」に引っ張られる

ヒトラー自身かつて喫煙者だったのだが、1919年に禁煙した。仮に禁煙していなかったら、国家社会主義が勝利することはなかっただろうとまで主張している。

彼の考えでは、人々の肉体を支配するのはタバコではなく総統であるべきだ。タバコという脅威も、ユダヤ人と同じように排除しなければならない。

1939年、ドイツ人医師のリッキントが『タバコと人体』という本を出版した。1200ページにもなる大著で、7000以上のタバコに関する研究を網羅している。
これをはじめとする各種のメタ分析（複数の研究結果を統合して分析すること）により、専門家の間では一致した見方が形成された。1940年代初めのドイツでは、ほとんどの医師と当局者が、タバコは人体にとって危険だと考えていた。

とはいえ、喫煙が肺がんの原因になることを世間が知ったきっかけはドイツの研究ではない。ウィンダーの研究チームがマウスを使った実験の結果を発表すると、彼らはその道のパイオニアとして迎えられた。同じように、イギリス人疫学者のリチャード・ドールとA・ブラッドフォード・ヒルが1952年に行った研究も、革新的という扱いを受けた(34)。
現在でさえ、彼らアングロサクソンの研究者が、タバコ研究の先駆者だとされている。たしかに彼らの研究のほうが進歩していたかもしれないが、ドイツ人研究者のほうが最低でも10年は先行していた。

しかし戦争が終わると、ドイツ人の研究は科学界から姿を消してしまった。ドイツ人科学者の多くは戦争を生き残ることができなかった。そして何よりも、ドイツ人の医学研究には悪いイメージがついてしまっていた。

そこからわかるのは、科学の進歩はいつでも直線的に進むとはかぎらないということだ。進歩したと思っても、その数年後にまた最初の地点に戻っていることもよくある。皮肉はさておき、ここで興味深いのは、**人類史上最悪の虐殺者の1人が、反喫煙プロパガンダによって何百万人もの喫煙者の命を救っていたかもしれない**ということだ。

しかし、喫煙と肺がんの関係がこんなにも長く隠されていたのは、ドイツ科学の暗い過去ばかりが原因ではない。

史上最悪のマーケティング
――吸わせるために「吸うな」という作戦

1970年、カンザスシティの高校で全校生徒が講堂に集められ、ストライプのシャツと白い靴といういでたちの若い男性の話を聞いた。この男性の役割は、タバコ業界を代表して、高校生にあるシンプルなメッセージを届けることだ。

「子どもはタバコを吸ってはいけません」と彼は言った。喫煙はセックス、アルコール、車の運転と同じで、大人のためのものだ。ティーンエイジャーは考えることさえ許されない、と。

一見したところは善意のメッセージだ。しかしこれを聞いた子どもたちは、もうタバコのことで頭がいっぱいになっている。そして10代の子どもがいちばんやりたがるのは、大人たちから禁止されていること、大人にしか許されないことだ。

それから月日が流れ、あの日の講堂で話を聞いていた生徒の1人、ロバート・プロクターが、『ゴールデン・ホロコースト（Golden Holocaust）』という本の中でタバコ業界の狙いを暴露した[35]。**あの講堂で講演した若い男性は、子どもにタバコを吸わせるために派遣された**のだ。

「プレ喫煙者」と呼ばれる子ども

プロクターは長じて歴史学者になり、タバコ業界の極秘資料を大量に読み込んだ。そして、この業界のよからぬ所業を次々と発見する。

どうやら彼らは意図的に子どもをターゲットにしたようだ。子どもたちは業界内で「プレ喫煙者」「タバコビジネスの未来」「代替喫煙者」などと呼ばれ、喫煙をやめざるをえなかった(つまり死亡した)大人たちの代わりになる存在と見られていた。

2000年、フィリップ・モリス・インターナショナルは、全米の学校に1300万枚のブックカバーを無料で配布した。ブックカバーにはクールなスノーボーダーが描かれ、その横には「考えろ。タバコは吸うな」と書かれている。

タバコ会社は、学校だけでなく、子どもたちの親も利用した。タバコの害について子どもと話し合うためのガイドブックを配ったのだ。

タバコ業界は巧みな広告コピーを使うことでも知られている。「キャメルのためなら1マイルだって歩く」ではかっこよさをアピールし、「マルボロ・マン」では力強さをアピールする。それに加えて、ビルボード広告を出したのも、ハリウッド映画の中で商品を登場させるという手法を使ったのも、スーパーでの衝動買いを利用したのも、すべてタバコ業界が最初だった。

しかし、タバコ業界とその他の業界を分けるもっとも大きな特徴は、それとは気づかれない、ずる賢いマーケティングに卓越していることだ。プロクターは秘密のメモやその他の資料を掘り起こし、業界がタバコの依存性を意図的に高めてきたことを突き止めた。

たとえば原料にリコリスを加えるなどして甘みを増したり、アンモニアを加えてニコチンの依存性を高めたりしている。(36)

「調査」はするだけで誠実に見える

しかし、もっとも悪質なマーケティング手法は他にあった。

それは1953年の12月に行われたあのオーク・ルームの会合で誕生し、それから長年にわたって何百万もの人々をだまし続けてきた。

とあるタバコの有名ブランドでマーケティング・ディレクターを務めるジョン・W・バーガードは、明らかに部外秘と思われる書類の中で**『疑い』はわれわれの製品だ**」と書き残している。この言葉に、タバコ業界の悪巧みが見事に要約されている。

タバコ大手の狙いは、タバコは健康にいいという情報を広めることではなかった。**彼らにとっては、タバコの健康被害に少しでも疑いを持たせるだけで十分だった。**そこで彼らはタバコ業界調査委員会（後にタバコ調査協議会）を結成し、あのオーク・ルームの会合以来、タバコの害を伝える科学的な研究の信頼性を損なうことに全力を注いできた。

この会は1998年まで続き、タバコ業界と全米47州の検察官との間で法的合意が結ばれた後に、ようやく解散されることになった。

しかしそれまでの数十年間で、タバコ業界は医学研究に数億ドルを費やしている。

彼らが費やしたお金は、表向きは「タバコと健康」に関する研究への補助金ということになっていたが、その通りになることはめったにない。

ロバート・プロクターはこう書いている。「真の目的は、タバコが健康に悪い証拠を見つけないことだ。そのうえで、『大金を費やしてタバコと健康の関係を調査してきたが、タバコが健康に悪いという証拠は見つからなかった』と主張する」

プロクターが調査した大量のプレスリリースには、判で押したように「さらなる調査が必要」という言葉が並んでいる。

あるタバコ業界の大物の言葉を借りれば、「調査は永遠に続けなければならない」ということだ。

「御用学者」が説明してくれる

こうしてタバコ業界は、科学を重視する姿勢を示せただけでなく、スタンフォードやハーバードといった名門大学の研究に補助金を出すことで、自らのイメージアップにも成功した。

それと同時に、自分たちに都合のいい記事を書いてくれ、必要なら法廷で証言してくれる「御用学者」も抱え込んでいる。

その御用学者の1人がダレル・ハフだった。ハフは科学者ではないが、彼が書いた『統計でウソをつく法』はタバコ業界にとってまことに都合のいい本だった。ベストセラー作家のダレル・ハフほど、数字のウソについて説得力のある話をしてくれる人は他にいない。

1965年3月22日、ハフはアメリカ下院議会の公聴会に出席し、タバコ業界の広告とパッケージについて証言を行った。そこでハフが語ったのは、因果関係と相関関係を混同することの危険性だ。

ハフの証言によると、タバコと病気の間に相関性があるからといって、それが因果関係の証拠にはならない。因果関係と相関関係の混同は、もっともやってはいけないことだ。

COLUMN

「人間は年を取らない」と確信させるグラフ

フローレンス・ナイチンゲールは、グラフを駆使して政府を納得させることに成功した。しかし**グラフは、人々に疑いを持たせる目的でも活用できる。**

1979年、タバコ業界が出資する「タバコ研究所」が、各種がんの発症に関するグ

がんの発症件数：1947〜1949年、および1969〜1971年

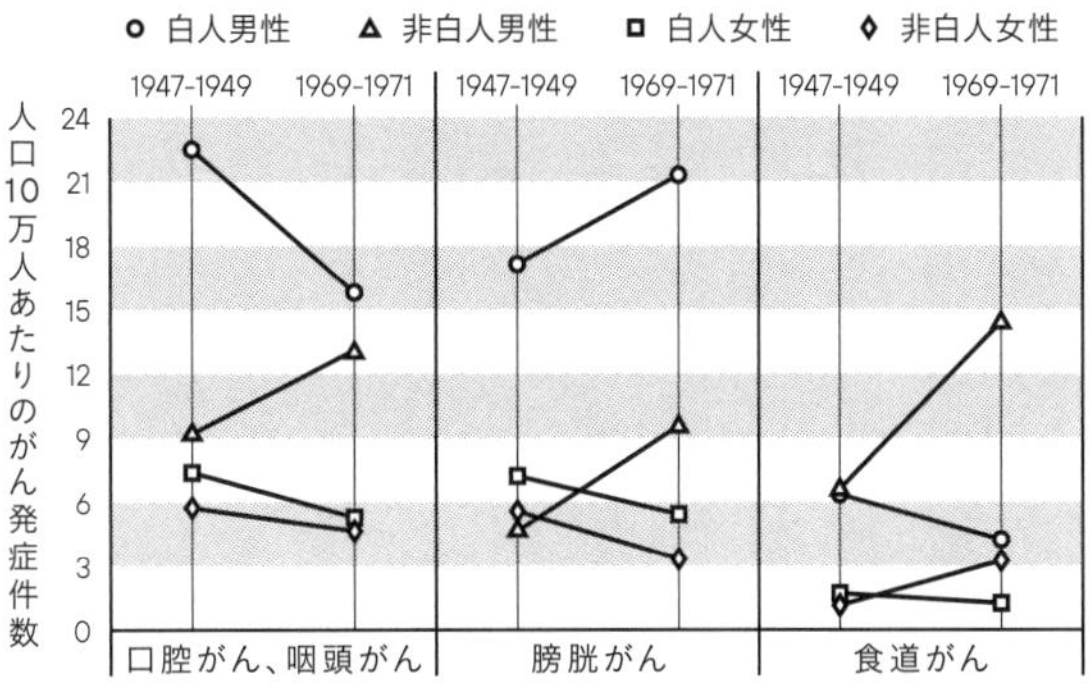

1979年にタバコ業界が発表したグラフ
出典：Proctor (2011), figure 29.

ラフを発表した。科学的な研究によると、年を追うごとに喫煙者の数もがん患者の数もたしかに増えている。

しかし、タバコ業界が発表したグラフは、この科学的な事実に疑いを持たせることが目的だった。現にこのグラフを見ただけでは、がん患者が増えているのか減っているのかよくわからない。

このグラフのトリックは、対象になっているがんの種類だ。

グラフの下には、「口腔がん、咽頭がん」「膀胱がん」「食道がん」と書かれている。

そう、このグラフには、喫煙との関係がもっとも深い肺がんが含まれていないのだ。

「地球の気温」は1880年からまったく変わっていない？

人々に疑いを持たせるためにグラフを利用するのはタバコ業界だけではない。

2015年12月14日、アメリカの保守系雑誌『ナショナル・レビュー』が、「#気候変動のグラフはこれだけ見ればいい」というツイートをした。[37]

このツイートに貼られていたのは、1880年からの気温の変化を示したグラフだ。それによると、この135年間で平均気温がほとんど変わっていないことになる。グラフの線は、まるで亡くなった人の心電図のようにまっすぐだ。

私は直感的に、データに間違いがあると考えた。気温が上昇していることを示す研究は山のようにあるからだ。[38]

『ナショナル・レビュー』は数字をいじっているのだろう。それ以外の説明は考えられない。

しかし、データに間違いはなかった。他ならぬNASAのデータを使っていたからだ。[39]

このグラフをもう少しよく見てみよう。

グラフのタイトルは明確であり、縦軸と横軸が何を表しているのかもはっきりわかる。

世界の平均気温の推移(1880-2015)

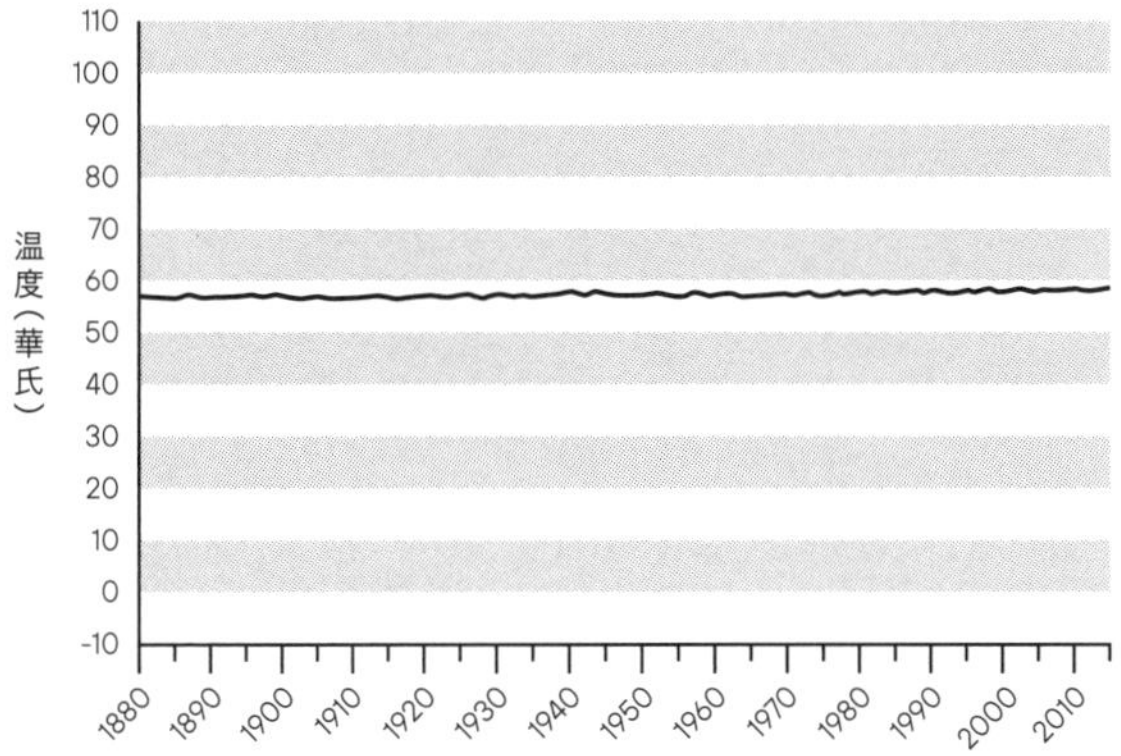

出典:2015年12月14日付け『ナショナル・レビュー』のツイート

学校で習ったグラフの条件はすべて満たしている。

　横軸は時間を表していて、１８８０年から２０１０年すぎまでカバーしている。十分な長さだといえるだろう。

　そして華氏の温度を表す縦軸も、まったく問題はないようだ。華氏マイナス10度からプラス１１０度は、摂氏にすればマイナス23度からプラス43度だ。

　これも妥当な範囲と考えられる。シベリアはそれぐらい寒くなり、ラスベガスはそれぐらい暑くなるので、現実的な数字だ。

巧妙な「縦軸」

　しかし、この縦軸にトリックが隠されている。

この数字は、ある決まった地点の決まった時期の気温を表しているわけではない。**全世界の平均気温**だ。その場合、0・2度から0・3度ほど変化するだけで大きなインパクトになる。

気温の上昇が平均して摂氏2度以下でも壊滅的な結果になるというのが、気候の専門家の間で一致した意見だ。[40]

しかしこのグラフでは、そのレベルの変化を読み取ることはできない。縦軸の目盛りが小さすぎるからだ。

ここで、著者自身の加齢をグラフにしてみよう（次ページ上図参照）。こうして見ると、生まれてから31年の間にまったく年を取っていないようだ。

次に、先ほどの気温のグラフを少しいじってみよう。するとまったく違う姿が見えてくる。

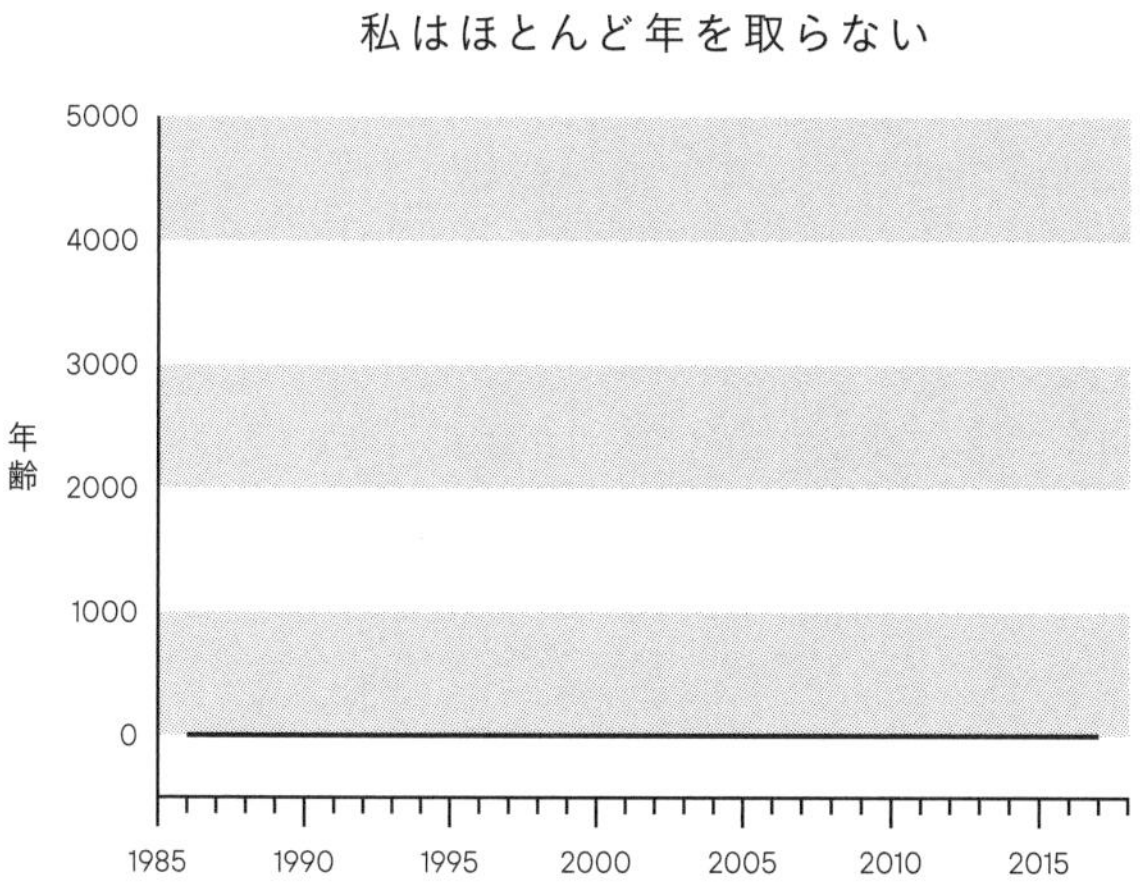

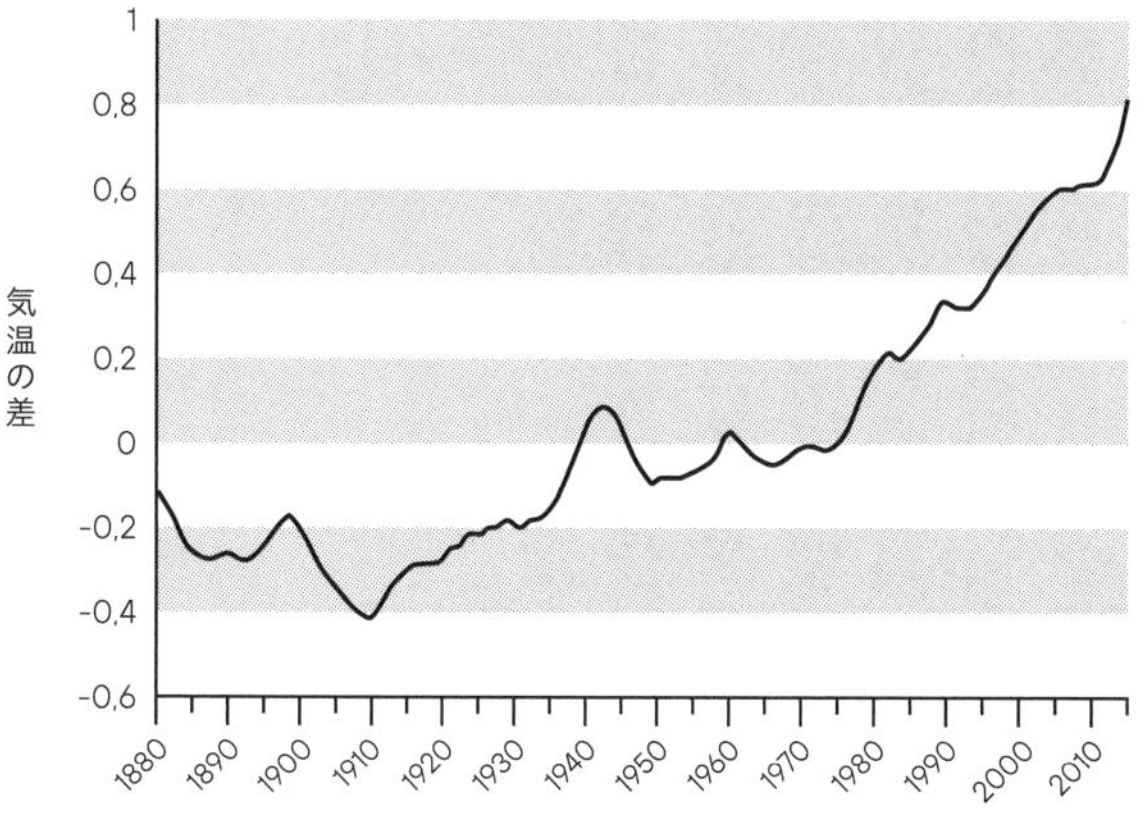

1951年から1980年の期間における平均気温を基準値とし、1880年から2015年の年間平均気温と基準値の差を表したグラフ(摂氏)[41]。この温度差は「年平均気温偏差」と呼ばれ、気候科学において気温の変化を計測する一般的な方法だ。そのため、『ナショナル・レビュー』のグラフと比較すると、縦軸の目盛りだけでなく、測量単位も異なっている。縦軸を修正するだけでは結果は変わらなかっただろう。

出典:NASA

タバコとウソつきの相関関係

下院で証言したときのハフは、その著作と同じくらい舌鋒鋭かった。[42] タバコの健康被害を証明した研究を取り上げては、次から次へと論破していく。

肺がんが急増したように見えるのは、データを登録する方法が変わったことが原因だ。実験のサンプルが偏っている、あるいは少なすぎる。それに加えて、動物実験の結果をそのまま人間にあてはめることはできない。さらなる研究が必要だ。

「ネズミは人間ではない」と主張したときのハフは、ウィンダーが行ったマウスにタールを塗る実験を念頭に置いていたに違いない。

こうしてハフは議論を積み重ね、最後にもっとも主張したい反論を持ってきた。「このように問題点は多々ありますが、それでも仮に喫煙と健康の間に何らかの関係があると認めるとしましょう。しかし、最後に大きな問題がたちはだかります」

喫煙と肺がんの間に相関性があるからといって、それがすなわち因果関係があることを意味するのだろうか？　そんなことはない、とハフは主張する。

そして、おなじみのコウノトリと赤ちゃんの話を始めた。

「肺がん」だからタバコを吸う？

ハフは議会の証言でも、自著の中で取り上げた「3つのウソつきの相関関係」に言及した。非喫煙者と喫煙者における肺がん発症率の違いは、たしかに統計的に有意と言えるかもしれない。しかし、まったくの偶然である可能性も大いにある。

あるいは、もしかしたら原因と結果が逆なのかもしれない。「もしイェール大学の卒業生が本当にほとんどの人よりも金持ちなら、それは彼らがイェール大学に行ったからだろうか？　それとも、裕福な家庭の出身だからイェール大学に行ったのだろうか？」とハフは言う。

因果関係が逆である可能性を指摘したのはハフが最初ではない。

p値という言葉を有名にした統計学者のロナルド・フィッシャーが、ハフよりも前にそれを指摘していた。1959年に発表した小論の中で、「むしろ肺がんを発症していることが（略）喫煙する理由の1つという可能性はないだろうか？」と書いている。[43]

フィッシャーの考えでは、たとえ肺がんと診断される前であっても、患者の肺はすでに何らかの炎症を起こしている。そして、ストレスがたまるとタバコに火をつけたくなるのと同じように（ストレスの原因は電車が遅れたことかもしれないし、気が乗らないミーティングかもしれない）、肺の調子が悪いことがストレスになり、思わずタバコに手が伸びる可能性もある。

「その気の毒な人物からタバコを取り上げるのは、視覚障害者から白い杖を取り上げるようなものだろう」とフィッシャーは言う。

喫煙者は「コーヒー」をよく飲み、「転職」が多い

しかしフィッシャーも、最終的にはより可能性の高い説明を発見した。ある要素が欠けているというのだ。

人間の違いは、ほぼすべて遺伝子で説明できるとフィッシャーは確信していた。そしてある遺伝子を持つ人は、普通より喫煙する確率が高くなるという。

一方で、下院の公聴会で証言したダレル・ハフは、遺伝子には言及しなかったが、それでも喫煙者と非喫煙者の間には何らかの違いがあると考えていた。

喫煙者はたいてい太っていて、ビール、ウィスキー、コーヒーをたくさん飲む。それに加えて、既婚者が多く、病院によく行き、転職が多い。

このように喫煙者にはさまざまな特徴があり、そのうちのどれか１つだけを選び、残り

を無視することはできないのではないか。

どうすれば「十分」？

そもそもこの世に「真実」など存在するのだろうか？　これまで見たように、たとえ客観的に見える数字であっても、標準化、データ収集、分析の過程で、さまざまな偏見や誤解が入り込む余地がある。

そういった間違いをすべて取り除いた先には、いったい何が残るのだろう？　もうこうなったら、数字など信じるのはやめにしたほうがいいのだろうか？

ハフとフィッシャーの主張は、例の「ウソつきの相関関係」が根拠になっている。たしかに相関関係は存在するが、それが必ずしも因果関係であるとはかぎらない。前に登場した、乳房切除術と死亡率の関係と同じだ。乳房切除術を受けた女性は、たしかにそれ以外の女性と健康状態が異なるが、それは乳房切除術が原因であるとは断言できない。その理屈を、喫煙者と非喫煙者にあてはめてもいいのではないだろうか。

もしかしたら、喫煙と肺がんに関する研究も、出版バイアスの影響を受けているのかもしれない。関係なしという結果になった研究は、机のひきだしの奥に眠っているのかもしれない。

あるいは、フィッシャーの主張する逆の因果関係が正しい可能性もある。肥満パラドックスと同じように、喫煙と肺がんも、原因と結果が逆なのではないだろうか？

わざと「結論の出ない研究」をする企業

これが、タバコ業界の巧妙な策略だった。

たしかに彼らの言い分は、違う文脈であれば完全に理にかなっている。研究の結果が、まったくの偶然の産物だった可能性はたしかにある。それに、たとえ偶然ではなかったとしても、喫煙以外の要素が原因になっている可能性を捨てることはできない。

フィッシャーは先ほど紹介した小論の中で、こういった他の原因の可能性を排除する方法は1つしかないと主張した。それは「実験」だ。

しかし、喫煙は本当に健康に悪いかもしれないのに、実験のために人間に喫煙させるのは、医学界も一般大衆も許さないだろう。そのため、実験は人間ではなく動物を対象にして行われた。そしてそこで、ハフの「ネズミは人間ではない」という主張が登場する。

ハフとフィッシャーは、こうやって逃げ場のない蜘蛛の巣を張り巡らせることに成功した。たしかに彼らが主張する通り、このままでは確実な答えには絶対にたどりつけない。そして、それこそがまさにタバコ業界の狙いだった。まるで終わりのないトンネルのように、いつまでも研究だけは続けるが、結論は永遠に見つからない。

これは科学が直面する大きな難問だ。**因果関係の穴を見つけるのは簡単だが、因果関係がたしかに存在することを証明するのはとてつもなく難しい。**

喫煙が肺がんの原因になると確信するには、いったい何を証明すればいいのだろうか?

根拠は「1つ」では弱い

ハフとフィッシャーの主張はたしかに理にかなっている。しかしそう言えるのは、研究を個別に見たときだけだ。たった1つの研究であれば、どんなに正しく行われた研究であっても、何かを証明する決定的な証拠にはならない。

ある国に暮らすある集団を、ある一定の期間だけ観察した研究であれば、結果が単なる偶然である可能性を捨てることはできない。よく新聞などでは、たった1回の研究で新しい発見があったと報道されるが、それは大いに問題があるといわざるをえない。それと同じように、たった1回の世論調査だけで選挙の結果を予測するのも間違いだ。

科学とは、個々の研究ではなく、研究の積み重ねだ。そしてハフが議会の公聴会に出席した1965年には、すでに数多くの研究が積み重ねられていた。1939年に発表された権威ある研究の『タバコと人体』はすでに忘れられていたかもしれないが、それでも圧倒的な量の研究がタバコの害を証明していた。

タバコが健康に悪いことは、さまざまな方法で証明されてきた。疫学研究によると、喫煙者は肺がんにかかる確率が高くなる。タバコのタールを皮膚に塗られた動物には腫瘍ができる。病理学の研究でも、喫煙の害が細胞レベルで発見されている。それに、タバコの煙には発がん性の化学物質が含まれていることも証明されている。

しかも、それぞれ1回の研究の結果ではなく、同じような研究が何度も行われ、そのたびに同じ結果になっているのだ。たとえば、1952年にドールとブラッドフォード・ヒルの研究が発表された数年後、日本、アメリカ、カナダ、フランスでも数回にわたって同じ研究が行われ、すべて「肺がん患者は喫煙者が多い」という結果になっている。[44]

つねに「いろんな見方」をする

こうやって証拠が積み重なると、たとえ1つの研究で反対の結果が出ても、結論を覆すことができなくなる。

たとえば気候変動に関する研究でも同じことがいえるだろう。たしかにたった1回の暖冬では、温暖化を証明することはできないかもしれない。しかし、珊瑚礁や氷河の変化、二酸化炭素の増加、気温の上昇といった証拠が積み重なれば、温暖化は証明できる。(45)

喫煙の研究と同じように、気候変動の研究もつねに同じ結論になっている。研究者はそれぞれ違う人間で、バックグラウンドも違い、思わず見落とす点も、興味の対象も違う。さらには、計測、データ収集、分析の方法もそれぞれ違う。

それでも同じ結論に到達するのであれば、「科学的合意」が形成されたと断言することができるだろう。

ただし、科学的合意があるとはいえ、すべての科学者が合意しているという意味ではない。反論する科学者もいれば、研究で違う結果になることもある。

科学の本質は疑問であり、何かを100％証明することはできない。科学の進歩とともに新しい知識が生まれてきたのは、科学者たちが勇気を持って、その時代の「常識」に挑戦したからだ。

ニコラウス・コペルニクスは、勇気を出して「地球は太陽の周りを回っている」と宣言した。アルバート・アインシュタインは大胆にもアイザック・ニュートンに異を唱え、そしてアーチー・コクランは自分を信じ、同時代の医師たちに闘いを挑んだ。

一方でタバコ業界は、科学の核である「疑い」を自分たちの利益のために利用した。彼らの狙いは、真実に近づくことではなく、大衆をできるかぎり真実から遠ざけることだった。

たしかに科学者もそれに手を貸したかもしれないが、1950年代になり、最終的に「もう十分に証拠は集まった」と判断したのもまた科学者だった。

喫煙は肺がんの原因になる――これが、科学者の出した結論だ。

「世に出ていること」が全部ではない

タバコ業界は、その後も長きにわたって喫煙と肺がんの関係を認めなかった。1994年まで、7大タバコ会社のトップが喫煙と肺がんのつながりをこぞって否定していた。

さらに1998年になっても、フィリップ・モリス社の当時の取締役は、宣誓したうえでの証言で「喫煙が肺がんの原因になるとは信じていない」と断言している。

しかし、タバコ会社の内部ではかなり事情が違ったようだ。1953年にはすでに、大手タバコ会社R・J・レイノルズのクロード・ティーグという社員が、喫煙に関する研究を手に入る限りすべて集めていた。マウスを使った実験の結果が発表される9か月前のことだ。(46)

彼の仕事は最終的に、法廷でタバコ業界に不利になる証拠として利用された。タバコ業界が初期の段階でタバコの害に気づいていたことを証明しているからだ。しかしティーグの報告書は、1990年代まで日の目を見ることはなかった。

理由はもちろん、一度も発表されなかったからだ。

「お金」はこんなに悪魔的

現在にいたるまで、タバコ業界は科学に出資している。2017年には、フィリップ・モリス・インターナショナルが「たばこの煙のない世界のための基金」に毎年8000万ドルもの大金を出資すると発表して話題を呼んだ。世界保健機関（WHO）はこれに強く反応した。利害の衝突以外の何ものでもないからだ。(47)

タバコ業界の外でも、「疑い」が科学的に証明された相関関係を攻撃する武器になってきた。たとえばナオミ・オレスケスとエリック・コンウェイは、著書の『世界を騙しつづける科学者たち』（楽工社）の中で、気候変動を否定するときにも同じ手口が使われていると指摘する。[48] そして世界の乳製品業界は、乳脂肪の健康被害を否定するような研究に出資している。[49]

他の業界もこれにならい、自分たちの利益を守るために科学を利用するようになるのも時間の問題だろう。

タバコ業界と石油業界に続くのは、おそらくテクノロジー業界だ。科学を利用して真実を操るのは政治家も同じだ。アメリカの政府高官は、「信頼できる科学」を旗印に気候変動を否定している。[50]

なぜハフとフィッシャーはあんなことを言ったのだろうか？　なぜ彼らは、喫煙と肺がんに関する研究を疑ったりしたのだろう？

もしかしたらハフは、科学のウソを暴いてばかりいたので、ウソではない科学を認めることができなくなってしまったのかもしれない。そして統計学者で、パイプ愛好家でもあるフィッシャーは、自分の直感の声を聞いてタバコ研究を批判してしまったのかもしれない。

しかし、もっとそれらしい説明は他にある。フィッシャーは死の直前、研究仲間のデーヴィッド・ドーブに、タバコ業界を擁護した本当の理由を打ち明けていた。それは**「お金のため」**だ[51]。

そしてハフもまた、タバコ業界からお金を受け取っていた。本の執筆まで依頼されていたというが、実際に出版されることはなかった。その本のタイトルは、もちろん『喫煙の統計でウソをつく法』だ[52]。

5章

「ビッグデータ」は疑わしい

21世紀になってもだまされ続ける人類

ジェニファーという女性に登場してもらおう。年齢は65歳だ。[1]彼女は長年にわたり、ケニアの首都ナイロビのビジネス街で食べ物を売る屋台を出して生計を立ててきた。商売は繁盛していたが、お金は一向に貯まらない。これでは商売に投資することもできず、自分が病気にでもなったらすぐに生活が立ちゆかなくなってしまう。

ここでの問題は、ジェニファーがお金を借りられないことだ。マイクロファイナンス（貧困者向けの小口融資の総称）で調達できるお金はごくわずかで、ヤミ金融では利息が高すぎる。それに普通の銀行は、担保のないジェニファーなど相手にしてくれないだろう。

なかでも最大の問題は、他の国ではごくあたりまえのものを、ジェニファーが持っていなかったことだ。それは**「クレジットスコア（信用スコア）」**だ。[2]

「信用」が点数化される

クレジットスコアは、欧米ではもう何十年も前から一般的な存在だ。

1956年、エンジニアのビル・フェアと数学者のアール・アイザックが、アメリカでフェア・アイザック・カンパニー（FICO）を設立した。

2人がFICOを設立した動機はきわめてシンプルだった。すぐに手に入る信用情報があれば、相手が借金を返す人かどうか簡単に判断できる、というわけだ。

FICOができるまで、お金を貸すかどうかの判断は、その人の評判、面談の印象、そして銀行家の直感だけが頼りだった。しかも、この判断はよく間違える。古いアメリカの信用調査を読むと、ある酒屋を「信頼できないニグロの店」と呼んだり、「ユダヤ人との大金の取引は細心の注意が必要」と警告したりする記述が散見される。(3)

フェアとアイザックは、人種や生い立ちではなく、純粋に経済状態だけに注目した。いくら稼ぐのか？　支払いはいつも期日通りか？　すでにいくら借りているか？

こういったデータをもとにスコアを算出し、借金をきちんと返すかどうか判断する。

ＦＩＣＯスコアは、お金の貸し手にとっても借り手にとってもまさに天からの贈り物だった。おかげでより多くの人がローンを組めるようになり、貸し手もさらに儲けることができた。

ＦＩＣＯスコアのほうが、貸し手の直感よりもよっぽど頼りになった。人間の判断よりも、客観的な「公式」のほうが正確だったということだ。

スマホが「スコア」になる

現在、クレジットスコアは多くの国で使用されているが、一方でスコアを持っていない人もまだまだたくさんいる。

たとえばジェニファーがそうだ。

しかし、シヴァニ・シロヤという人物のＴＥＤトークによると、近年はジェニファーのような人たちもスコアを持てるようになったらしい。シロヤは、ビッグデータを活用してローンの貸し出しを行うスタートアップ企業、タラのＣＥＯだ。

ジェニファーは、クレジットスコアは持っていないかもしれないが、**スマートフォン**は持っている。ジェニファーのスマホには、彼女のデータがすべて保存されている。どこにいるのか、誰にテキストメッセージを送ったのか、通話時間はどれくらいか、といった情報だ。

ある日、ジェニファーは息子に説得され、タラのアプリをスマホにインストールした。そしてローンを申請すると、あっと言う間に審査が終わってお金を借りることができた。あれから2年がたち、彼女は以前とはまったく違う人生を送っている。屋台が1台から3台に増え、さらにレストランを開店する計画も進行中だ。それに今では銀行でお金を借りることもできる。

タラのローンをきちんと返済したことで、信頼できる借り手であることを証明したからだ。

「ビッグデータ」と「アルゴリズム」——現代の危険思想

ジェニファーの成功はたしかに心温まる物語だ。もちろんタラの宣伝用の話であることは事実だが、そこから現代でもっとも大きなトレンドを読み取ることもできる。

それは、**「ビッグデータ革命」**だ。

しかし、そもそも「大きい」データとはどんなデータなのだろう？

ビッグデータは、しばしば４つの「V」で定義される。「Volume（量）」「Velocity（速度）」「Variety（多様性）」「Veracity（正確性）」だ。言い換えると、さまざまな事柄に関する大量のデータが素早く正確に移動する、ということになる。

フローレンス・ナイチンゲールの時代は、「ビッグデータの第一波」と呼べるかもしれない。しかし、データを渇望する気持ちは同じでも、あの時代と現代で決定的に違うのは「インターネット」の存在だ。

メッセージから「自殺リスク」を割り出せる

数字の扱い方自体は以前と変わらず、標準化、収集、分析という過程をたどる。しかしインターネットの登場で、それぞれの過程で扱えるデータの量が桁違いに増加した。

人がリンクをクリックするまでの行動から、顔認証、騒音まで、私たちはあらゆるものを標準化する。(4)

そして収集も負けていない。たったの1分間で、グーグルは３６０万回の検索を行い、ユーチューブは４００万本以上の動画を再生し、インスタグラムには5万枚近くの画像が投稿される。[5]

そして私たちは、これら大量のデータをさらに洗練された手法で分析している。

データが拡大するにつれ、データでできることに対する期待も爆発的に大きくなった。たとえばジェニファーにお金を貸したタラは、ビッグデータを活用して、これまでローンを組めなかった人をターゲットにしている。アメリカのカウンセリング提供サービスのクライシス・テキスト・ラインは、テキストメッセージの内容を分析して自殺のリスクが高い人を割り出している。[6] そして環境NPOのレインフォレスト・コネクションは、古いスマートフォンでデータを集め、違法伐採や密猟の監視に役立てている。

ビッグデータへの期待はとどまるところを知らない。政治家、企業重役、知識人といった人たちは、ビッグデータを使えば気候変動の問題を解決し、[7] 医療を改革し、[8] さらに飢餓を撲滅できると主張する。[9]

AIが代わりに「投票」する案がある

さらにビッグデータは、民主主義の救世主になってくれるかもしれない。

2016年、大学職員のルイーズ・フレスコが、オランダの新聞『NRC』への投書で、現代の民主主義の問題点を指摘した。いくら選挙を実施しても、大多数の人が投票しないのでは意味がない。**「そこで民主的な選挙に代わり、AIを活用したらどうだろう?」**とフレスコは主張する。[10]

人々の好みはすでにデータの中に保存されているのだから、それを抽出する巧みな分析方法を確立すればいいだけだ。どこに旅行し、誰と話し、何を読むかといったデータを集め、もし必要なら追加の調査を行ってさらにデータを増やして分析すれば、私たちがどんなことを重視しているかがわかり、そこから誰に投票するかもわかるはずだ。

フレスコの提案は、たしかにかなり現実離れして見えるだろう。しかし、ここで油断してはいけない。**ビッグデータのアルゴリズムは、すでにかなりの力をつけている。**

たとえば保険会社は、ビッグデータを使って顧客ごとの保険料を決めている。[11]税務署はビッグデータを使って脱税しそうな人を割り出し、[12]アメリカの判事はビッグデータを使って仮釈放を認める受刑者を決めている。[13]

つまり、私たちの運命はビッグデータに握られつつあるということだ。

ここで我関せずという態度で、数字にすべてを決めさせるのはとても危険だ。

データ万能主義には、致命的な間違いが1つある。それは、「データはつねに真実を伝えている」と信じることだ。データを使えば、この本で見てきたような問題はすべてなくなると思っているかもしれないが、それは大きな間違いだ。

そろそろ私たちは、このビッグデータというものをきちんと検証しなければならない。前の章で見たような「数字のウソ」は、ビッグデータにもあてはまるかもしれない。21世紀の私たちは、どのようにデータを標準化し、収集し、分析しているのか。

データとアルゴリズムを盲信し、重要な決断を任せることは、なぜ間違っているのだろう？

「アルゴリズムが決めたもの」であふれている

まずはボンネットを開けて中を見てみよう。現在、データはどのように活用されているのだろうか？

先人たちは、「平均」や「グラフ」を使って大量のデータを理解しようとした。そして現代の賢人は、数兆バイトものデータを手なずける「アルゴリズム」という武器を手に入れた。

グーグルの検索結果も、フェイスブックのフィードに表示される投稿も、マッチングア

プリで出会う相手も、タラのような会社からローンが借りられる人も、すべてアルゴリズムが決めている。(14)

実際のところ、アルゴリズムとは、ある目標地点へ到達するまでのステップを集めたものにすぎない。コンピュータのスクリーンでその過程を見ると、実に無味乾燥でおもしろみに欠ける。

ソフトウェア開発者が、「この状況ではこうする」という指示を、一つひとつただひたすら打ち込んでいく。このような指示は「if–then コマンド」と呼ばれる。たとえば、「もし(if)誰かがローンを返済すれば、そのときは(then)その人物のクレジットスコアが10点上がる」となる。

「アルゴリズム」は手に負えない？

アメリカの数学者で著述家のキャシー・オニールは、著書『あなたを支配し、社会を破壊する、AI・ビッグデータの罠』(インターシフト)の中で、アルゴリズムのしくみを家族のために作る料理にたとえて説明している。(15)

彼女が自分の料理に満足するには、

(a)家族がお腹いっぱい食べる

(b)家族がおいしく食べる

(c)家族が十分な栄養を摂取する

という条件を満たす必要がある。彼女は毎晩、この3つの条件を基準にその日の食事を評価して、さらに改善できる点を探す。子どもがほうれん草を残したけれどブロッコリーは喜んで食べたのなら、そのデータを今後の健康的な献立作りに活用する。

しかし、彼女が目標を達成するには、いくつかの制約も考慮する必要がある。たとえば、彼女の夫は塩分を制限されていて、息子の1人はハンバーガーが嫌いだ（ただしチキンは好き）。それに、予算、時間、彼女自身の料理に対する情熱にも限りがある。

そうやって何年も訓練を重ね、オニールはこの料理のプロセスにかなり熟達することができた。今では半ば無意識のうちに、家族のために最高の食事をきわめて効率的に用意することができる。

ここで、彼女の仕事をコンピュータが代わりにやると考えてみよう。彼女の頭の中で献立が決まるプロセスを、どうやってコンピュータに置き換えることができるだろうか？

①目標の「標準化」

まず行うのは、「目標の標準化」だ。彼女の目標は、家族がおいしくて栄養満点の食事を十分に食べることだ。

そこで基準となるのは、(a)カロリー数、(b)満足度スコア、(c)1日に摂取するべき栄養素のうち、実際にどれくらい摂取できたかを表したパーセンテージ、などが考えられる。それに加えて、さまざまな制約(たとえば予算の上限など)を定量化する必要もある。

②データを「収集」

標準化する対象を確定し、方法を確立したら、今度はデータの収集だ。彼女はまず、料理のレシピを書くかもしれない(所要時間と含まれる栄養素のデータも入力する)。そして献立を決め、1食ごとに量と栄養価の点数をつける。

さらに家族にも、それぞれの食事に10点満点で点数をつけてもらう。

③人間の「予想外」も学習

そしてオニールは、これらのデータをもとに、家族のために最適な献立を決めるプログラムを書く。しかし彼女は、ここで学習能力のあるプログラムを書くこともできる。すべてが数字で表現できるのであれば、コンピュータがメニューと目標の相関関係を分析できるはずだ。

そしてもしかしたら、彼女自身が気づいていなかったパターンを、アルゴリズムが見つけてくれるかもしれない。たとえば、パンケーキを食べた翌日の子どもたちは、嫌いなスプラウトも我慢して食べる、といったようなことだ。コンピュータは、AIの一種であるこのような「学習機能」を使い、プログラムされていない作業を1つずつ学んでいく。(16)

ここで不気味なのは、プログラムに学習能力があるために、アルゴリズムがあまりにも複雑になってしまうことだ。こうなると、プログラムを組んだ本人でさえ、ソフトウェアが何をやっているのか理解できなくなる。

まとめると、オニールは料理の手順を標準化し、データを集め、ソフトウェアにその分析をやらせたということだ。

この過程は、以前にどこかで見なかっただろうか？　そう、フローレンス・ナイチンゲールやアーチー・コクランといった先人たちも、これとまったく同じことをしていたはずだ。**そこにアルゴリズムが加わったことで、前章でも見たように、この3段階の過程で何かを間違えるリスクが格段に大きくなってしまった。**

アルゴリズムの「穴」

1 「あらゆる事象」を数値化するのは難しい

金融の世界では、タラのような会社がビッグデータを活用して人々の信用度を判断している。

たとえばゼストファイナンスという会社は、2009年以来、3億人以上のクレジットスコアを算出してきた。この会社を設立したのは、元グーグル最高情報責任者のダグラス・メリルだ。

ゼストファイナンスの主張では、昔ながらのクレジットスコア算出方法は「リトルデータ」の制約を受けている。[17] フェアとアイザックが生み出したクレジットスコアは、「50に満たないデータポイント」しか使っていない。この量は、一般に公開されている個人データのほんの一部にすぎないという。

一方でゼストファイナンスが信用調査をするときは、1人につき3000以上の変数を使用する。[18]

20ユーロと2万ユーロが「同じ」になる

オランダでも、かぞえ切れないほどの会社が、ビッグデータを活用して顧客の「支払いへの態度」を計測している。たとえばオランダのデータ会社フォカムは、1点から11点のスコアを提供している。[19] **支払いが遅れているなら、その金額が20ユーロでも2万ユーロでも、一律で10点を失うことになる。**

フォカムのような会社が算出しているクレジットスコアは、希望すれば誰でも買うことができる。データを買う顧客は、住宅会社から、バッテンフォール（スウェーデンの電力・エネルギー大手）、ボーダフォン（イギリスの携帯電話会社）までさまざまだ。

クレジットスコアが低い人は、携帯電話の契約ができないかもしれないし、あるいは新しい電力会社と契約するときに、多額のデポジットを要求されるかもしれない。フォカムの発表によると、同社は1050万人のオランダ人のデータを所有している。オランダの人口が1700万人であることを考えると、かなりの数だ。

あなたはもしかしたら、「それのどこが問題なんだろう」と不思議に思うかもしれない。ナイロビのジェニファーの物語からもわかるように、クレジットスコアは消費者にとってはチャンスでもある。

しかし、**クレジットスコアの影響力はあなたが思っているよりもずっと大きく、そしていつでもいい影響を与えてくれるとはかぎらない。**

勝手に「将来」が決まるかもしれない

前に見たＩＱスコアの問題を覚えているだろうか？　人間の知能は抽象的な概念であり、ＩＱスコアという数字で知能のすべてを表すことはできない。数字は単なる近似値だ。

それと同じことはクレジットスコアにもあてはまる。クレジットスコアの数字は、ある人物が借金をきちんと返す確率を表している。つまり言い換えると、**クレジットスコアは「予想」である**ということだ。

多くのビッグデータモデルは、未来を予想することを目指している。

たとえばアメリカの刑事司法では、ビッグデータを使って釈放後の受刑者が再犯する可能性を計算している。このような計算は重大な結果をともなう。早期の仮釈放を認めるかどうかを決めるとき、この数字も参考にするからだ[20]。

しかし、**抽象的で予想が難しいものがこの世に1つだけあるとしたら、それは未来の出来事だろう。**このような予想の裏にある統計モデルは、決して完全無欠ではない。そこにはつねに、かなりの不確実性が存在する。

予想は単なる予想であり、ある人物が取りそうな行動の近似値でしかないことを忘れると、不完全なデータで他人を判断するという間違いを犯してしまう。

「採用」の可否に影響する

クレジットスコアの問題は他にもある。

クレジットスコアに期待されている役割は、実は未来を予想することだけではない。最低でも未来の出来事と同程度には抽象的である概念、すなわち「信頼性」も判断しているのだ。

クレジットスコアが利用されるのはローンの審査だけではない。たとえば、アメリカのマッチングサイト「CreditScoreDating.com」は、「高いクレジットスコアはセクシーだ」という標語を掲げ、クレジットスコアを基準に自分にマッチする人を探すことができる。

クレジットスコアの利用はそれだけにとどまらない。2012年、アメリカの人事専門家を対象に調査を行ったところ、雇用主の47％が求職者のクレジットヒストリーをチェックしているという。[21] クレジットカードの借金がある家計を対象にした他の調査でも、回答者の7人に1人が、クレジットヒストリーが悪いために採用を断られた経験があるという結果になった。[22]

たしかにこれらの調査は特定のサンプルを対象にしているので、アメリカ人全体の状況を反映しているわけではない。しかし、企業の採用担当者が求職者のバックグラウンドをチェックしていることは、否定しようのない事実だ。

アメリカにおけるネット上の求人を見るだけでも、花火の販売から保険調査まで、さまざまな仕事で求職者のクレジットヒストリーが調査されていることがわかる。[23]

クレジットスコアが「人間性」になる

採用側は、クレジットスコアそのものを見ることはできないが、対象者の借金に関するレポートを入手することはできる。

企業の狙いは、このデータを使って求職者の人間性を知り、将来的に仕事で不正を働くリスクがないか判断することだ。[24]

とはいえ、借金と仕事のパフォーマンスの間に関連があるという証拠は存在しない。関連性を調べた研究はわずかながら存在するが、それでも相関関係は認められなかった。

たとえば、ジェレミー・ベルナスという研究者が行った調査がある(25)。彼の研究チームが個人のFICOスコアと性格診断を比較したところ、クレジットスコアが高い人は、性格診断では誠実性で高いスコアを出したが、クレジットスコアが低い人より協調性が低いという結果になった。その他の性格特性では、特に違いは見られなかった。

さらに重要なのは、クレジットスコアと不正行為の間に、何らかの関係は存在しないということだ。つまり簡単に言うと、**仕事における信頼性をクレジットスコアから判断するのは間違い**ということになる。現にアメリカでは、11の州が求職者のクレジットヒストリーを尋ねることを法律で禁じている(26)。

しかし、たとえクレジットに関するデータがローンの審査だけで使われるとしても、まだまだ油断はできない。なぜなら、データの収集には、それがビッグデータであろうとなかろうと、たくさんの落とし穴が潜んでいるからだ。

2　ビッグデータは「出所」が怪しい

ビッグデータは文字通り「膨大な量のデータ」なので、「サンプルの大きさ」というデータ収集の根本的な問題を解決することができる。データを集める方法は主にインターネットだ。

近頃では、ほぼすべての人がインターネットにつながっている。それに加えて、さまざまな電化製品やデバイス（サーモスタット、自動車、フィットビットなど）が、あなたの行動をつねに監視している。

また、ドバイ、モスクワ、ニューヨークといった都市は「スマートシティ」を自称し、街灯に取りつけたWi-Fiトラッカーや光ファイバーケーブル内のセンサーなど、最新テクノロジーを使って市民に関するあらゆる情報を集めている。

知らないうちに「個人情報」がとられている

私たち現代人は、日常生活でハイテク機器が手放せなくなっている。そのため、セックス学者のアルフレッド・キンゼイの時代とは違い、たくさんのサンプルを集めて話を聞く必要はなくなった。今では人々の行動を直接見ることができる。データ科学者のセス・スティーブンス＝ダヴィドヴィッツも言っているように、「グーグルはデジタル自白剤だ」ということだ。(27)

たとえば、既婚女性がグーグルで「夫は同性愛者か」と検索する回数は、「夫はアルコール依存症か」と検索する回数の8倍になる。インドでは、「夫が私に望むのは」とグーグルに入力すると、いちばん上に来る予測候補は「母乳を吸わせること」だ。

さらにアメリカでは、ミシシッピ州など保守的な州の男性は、自己申告では同性愛者が少ないことになっているが、ゲイポルノの検索数はニューヨーク州などの進歩的な州とほとんど変わらない。[28]

キンゼイがこれらのデータを見たら、きっと大喜びするだろう。

クレジットスコアを提供する会社も、この情報化社会では個人情報はいくらでも手に入ることを知っている。公式なルートを使って回答を求める必要はもうなくなった。ただインターネットから個人情報を集めればいいだけだ。

ゼストファイナンスCEOのダグラス・メリルも、「あらゆるデータが信用データだ」と言っている。[29]こうやって収集される情報の中には、商工会議所の登録情報のような公の情報もたしかに存在する。

しかし**その大半は、自分でも知らないうちに収集する許可を与えてしまった個人情報**だ。

データが「商品」になる

そんな情報の中には、出所が怪しいものも少なくない。

2017年、オランダの週刊誌『フローネ・アムステルダマー』と調査会社のインヴェスティコが、オランダのデータ取引に関する詳細な調査報道を発表した。調査を行ったのは、カルリン・カイペルス、トマス・ムンツ、ティム・スターウという3人のジャーナリストだ[30]。

彼らの調査によると、公的機関の中には、借金取り立ての代理業者から直接データを入手しているところもあるという。借金の取り立てにあった人たちのお金のデータは、本人も知らないうちにデータベースに登録される。その結果ブラックリストに掲載され、借金を完済してしばらくたってもずっとそのままだ。

ちなみに、個人データの共有は必ず本人に知らせなければならないので、これは紛れもない違法行為だ。

それに、使われているデータが正しいかどうかもわからないことが多い。そもそもどのデータが使われたか定かではない。

インヴェスティコの3人のジャーナリストの調査によると、オランダの都市ワーヘニンゲンでは、住宅会社が顧客のクレジットスコアを入手し、スコアが低すぎる場合は公営住宅への入居を拒否することができる。その際、住宅会社は「データ会社がそのスコアを出した根拠を知る必要はない」という。

個人データが本人の知らない間に第三者によって利用されているのは本当だろうか。3人のジャーナリストは実際に試してみることにした。まず10人の市民に依頼し、3つのデータ会社から自分のデータを取り寄せてもらったところ、手に入ったデータはほとんどなかった。次に3人のジャーナリストが企業を装い、同じ10人のデータを買いたいと申し出たところ、山のようなデータを手に入れることができた。

イギリス男性1万7000人が「妊娠」した

データには頻繁に間違いがあることに議論の余地はない。

2012年、アメリカ連邦取引委員会が3大信用情報機関の1つのクレジットレポートを調べたところ、サンプルの実に4分の1から誤りが見つかった。[31] そして**20人に1人は、事実との乖離があまりにも大きいために、不当に高い利息を払わされていた可能性がある。**

このような間違いは他のデータベースでも発生している。**2009年から2010年にかけて、イギリスには1万7000人の妊娠した男性が存在した。**そう、妊娠した「男性」だ。彼らは何らかの医療機関にかかったのだが、それが産科と混同されていたのだ。[32]

データの間違いはあらゆる場所で発生する。

市の個人情報データベースで間違った住所が登録される。税金や社会保険当局で間違った年収が記録される。警察のデータベースに誤って犯罪者として登録される。

そういう例はいくらでもある。つまり、**数字を盲信するのは危険**だということだ。

個人情報は「家」を買えるくらい重要

ときに、うっかりミスではなく、悪意が原因で間違いが起こることもある。

2017年、アメリカ最大手の信用情報会社の1つであるエキファックスがサイバー攻撃を受けたことを発表した。盗まれた顧客のデータは、アメリカ全人口の半分近い約1億5000万人分だ。[33]

盗まれた情報から、顧客の名前、生年月日、住所、社会保障番号が、ブラックマーケットで売買されるかもしれない。これらの情報は高く売れる。なぜならアメリカでは、それだけでほぼすべての重要な取引を行うことができるからだ。クレジットカードの申し込みもできるし、確定申告もできるし、家を買うことだってできる。

この事実からわかるのは、信用情報会社が集めたデータは、実際のデータの主とはほとんど関係ないということだ。

統計学の世界では、昔から「ゴミを入力すれば、ゴミが出力される」と言われている。たとえどんなに機械学習やアルゴリズムを洗練させても、入力するデータに間違いがあっては何の役にも立たない。

もしかしたら未来の世界では、データ詐欺が完全になくなり、いつでも正確なデータが手に入るようになるのかもしれない。しかし、仮にそうなったとしても、安心してすべてをアルゴリズムに任せることはできるのだろうか？

3 「因果関係」がどうでもよくなる

FICOスコアのような昔からあるクレジットスコアは、対象となる個人のデータだけを使って算出されている。その人がお金を借りているか、いくら借りたのか、期日通りに返済しているか、といったことだ。

そういった情報がわかれば、将来のローンをきちんと返済するかどうか判断できるという考えが根拠になっている。

とはいえ、こういった考え方は公平ではないという主張にも一理ある。

人が借金をするのは、たいてい高額の医療費か失業が原因だ。貯金でまかなえる人もいるが、全員がもしものときに備えて十分に貯金しているわけではない。つまりクレジットスコアは、その人の信頼性だけでなく、単なる運も関係してくるのだ。(34)

そして、ビッグデータを使ったクレジットスコアの計算は、さらに一歩先を行っている。ここでまた、屋台を経営するジェニファーに登場してもらおう。タラはどういう根拠で、彼女のローン審査を通したのだろうか？

スマホの「位置情報」でスコアが変わる

ジェニファーはアプリを通してタラに個人情報を提供していた。アプリが集めた個人情報はまさに金鉱であり、分析すればさまざまなことがわかる。

たとえば位置情報を使えば、ジェニファーはよく移動しているが、行き先がいつも決まっていることがわかる。自宅にいるか、そうでなければ屋台にいる。通話記録を見れば、ウガンダにいる家族と頻繁に連絡を取っていることがわかる。そして家族以外にも、ジェニファーの通話相手は89人をくだらなかった。

これらの要素がタラのアルゴリズムで分析され、ジェニファーがきちんとお金を返す人物かどうかが判断される。

たとえば、**家族と定期的に連絡している事実によって、信頼性は4%上昇する。**毎日の行動パターンが決まっていること、そして連絡を取る相手が58人以上いることも信頼性を高める要素だ。

「書いた文字」であなたを予測する

ジェニファーの例を見れば、ビッグデータと伝統的なクレジットスコアの違いがよくわかるだろう。**ビッグデータのアルゴリズムは、あなたの過去の行動だけでなく、「あなたと同じような人」の過去の行動も分析する**のだ。データの中につながり（相関性）を探し、あなたの未来の行動を予想する。

正しい予想に貢献するのであれば、どんな数字も大歓迎だ。

ローンの申込書類で使われる言葉までも分析の対象になる。２０１３年、ゼストファイナンスのダグラス・メリルは、**「すべて大文字（あるいはすべて小文字）で書かれた申込書は、きちんと返済しない可能性があると判断する材料になる」**と発言した。(35)

買い物の習慣も与信の判断材料になる。２００８年、クレジットカード会社のアメリカン・エキスプレスは、アメリカ人の顧客の何人かにカードの利用を停止すると通告した。[36]顧客へのお知らせには、「あなたが最近お買い物をされた施設は、当社のカードで支払いが滞っている他のお客様も過去にお買い物をされている施設です」と書かれていたという。

アメリカン・エキスプレスは後に、特定の店をブラックリストに載せたわけではないと主張したが、「数百のデータポイント」を利用して信用力を判断していることは認めた。

SNSも貴重なデータの金鉱だ。2015年、フェイスブックはSNSの活動からクレジットスコアを算出する方法を確立した。[37] **SNS上で信用度の低い人物と友達になっていれば、おそらくその人の信用度も低いという考え方を根拠にしている。**

アルゴリズムには「偏見」がある

P2PレンディングのNEOファイナンスは、すでにリンクトインのデータを使って顧客の「性格と返済能力」を判断している。リンクトインの経歴を正直に書いているかということが、判断の材料になるという。[38]

かつては銀行のローン担当者が、顧客の人種、性別、階級などを基準に、自分の偏見でローンの可否を決められる時代もあった。FICOスコアの役割は、そういった主観的な判断を終わらせることだ。

しかしビッグデータの登場で、また昔に戻ってしまったかのようだ。私たちは自分が属するグループによって、人格や信頼性を判断されている。

昔との違いは、属する集団の枠組みだけだ。かつては「人種」や「性別」という枠組みだったが、最近は「すべて大文字で書く人」「バーゲン好き」「SNSで友達がいない人」といった枠組みが使われる。しかし、やっていることは昔とまったく同じだ。

すべて大文字で書かれた申込書は、その人の教育レベルを表している。リンクトインで「コンタクト」（リンクトイン内でつながっている人物）がいる人は、おそらく職に就いているだろう。そしてあなたの収入は、普段どんな店で買い物をするかでほぼわかる。

そうやって**アルゴリズムは、昔の銀行家とまったく同じ方法で人々を区別している**のだ。この人は金持ちで、この人は貧乏。この人は働いていて、この人は無職。この人は高学歴で、この人は低学歴、というように。

統計の専門家にいわせれば、これも立派な相関関係なのかもしれない。しかしそれ以外の人から見れば、どれもただの偏見だ。

ビッグデータを手に入れた私たちは、これから相関関係や因果関係とどうつきあっていけばいいのだろうか？　テクノロジー雑誌『ワイアード』元編集長のクリス・アンダーソンによると、その心配は無用だという。

２００８年に執筆し、大きな評判を呼んだ「理論の終わり」という記事の中で、アンダーソンは**「特定の関係は重要ではないからだ」**と、その理由を説明している。[39]「グーグルの創業理念によると、このページがあのページよりよい理由はわからない。もし統計が（略）そうだと言うのなら、それだけで十分な根拠になる」

グーグルにできない「予測」

コウノトリと赤ちゃんの話でも見たように、相関関係は因果関係ではない。しかしアンダーソンによると、もうそれすらもどうでもいいことのようだ。「ペタバイト（情報量単位）のおかげで、われわれは『相関関係だけで十分だ』と断言できるようになった」と彼は言う。

しかし、この考え方はあまりにも短絡的だ。ビッグデータの時代であっても、相関関係だけでは十分ではない。そのいい例が、グーグルの「インフルトレンド」だろう。[40]

２００８年に鳴り物入りで始まったこのサービスは、アルゴリズムを使ってインフルエンザの流行を予測できることを売りにしていた。グーグルの検索データを使えば、いつ、どこで、どれくらいのインフルエンザが発生するか予測できるという。インフルエンザにかかった人は自分の症状をグーグルで検索するので、そのデータを予測に活用できるということだ。

たしかに大いに役に立ちそうなサービスだ。グーグルＣＥＯ（当時）のエリック・シュミットは、このサービスで毎年何万人もの命を救うことができると豪語した。(41)

最初のうちは、彼の言う通りになりそうだった。サービス開始から2、3年までは、インフルエンザの流行をかなり正確に予測していた。しかしそれ以降、アルゴリズムは間違いを連発する。そして**最低の成績を記録した２０１３年には、予測したインフルエンザの発生件数は実際の2倍にもなった**。(42)

グーグルはどこで間違えたのだろう？　アルゴリズムの製作者は、45の検索ワードを設定した。５０００万ある検索ワードの中から、インフルエンザの流行ともっとも関係があるものを選んだのだ。そしてアルゴリズムは、この45ワードの検索をつねに監視する。

たしかに理にかなった方法のようだが、データセットが少ない場合と同じように、ここでも「ジェリービーンズ問題」が浮上する。つまり、しつこく探せば、どんなものでも関連が見つかるという問題だ。

「高校バスケットボール」と「インフルエンザ」の関係

さらに悪いことに、ビッグデータが問題をより複雑にする。変数が増えるほど、有意な相関もたくさん見つかるからだ。それも、単なる偶然によって。

たとえば研究によると、「高校バスケットボール」という検索ワードと、インフルエンザの流行との間には強い相関性があるという[43]。

こういった「偽の相関」は手動で取り除かれる。

しかし、発見された相関が偽物かどうかを判断するのは簡単ではない。何が偶然で、何が偶然でないか、どうやって決めればいいのだろう？

たとえば「ハンカチ」という検索ワードに、インフルエンザとの相関性が認められた場合、季節が冬だからという根拠で偶然と判断するのか、それともインフルエンザの流行と関連があると判断するのか？

ローン審査の根拠が「偽相関」

アルゴリズムのもう1つの問題は、プログラマーがシステムの重要な変化を無視するということだ。たとえばグーグルの場合は、検索エンジンの設計が変更されたという背景がある。

2012年から、グーグルはユーザーが「咳」や「発熱」で検索すると、考えられる診断を出す仕様になった。そして考えられる診断の1つがインフルエンザだ。そこでユーザーは、今度はインフルエンザについて調べ始める。それを「インフルトレンド」のアルゴリズムが検知して、インフルエンザの流行を過大評価するという流れだ。

前にも見たように、信用情報機関もグーグルのインフルトレンドと同じように予想を行っている。とはいえ、もしかしたらその予想の根拠となる相関関係が、何らかの変化によって信頼できる判断材料でなくなってしまうかもしれない。たとえば、「審査に通りやすいローン申請書の書き方」という知識が一般に広まる変化が起これば、誰もがそれを真似て、審査が意味をなさなくなるだろう。

しかし、将来的にこの2つの落とし穴が完全に解決されるとしたら？　偽の相関を特定し、影響の大きい変化をリアルタイムで監視する技術が開発されたら、もう何の心配もいらないのだろうか。

しかし、それでもまだ解決できない問題は残っている。なぜなら、**スコアを利用する方法によって、スコアの意味が変わる**からだ。

数字が「現実」を乗っ取った
――21世紀の今、現実に起きていること

「あなたが私を採用してくれないので、私は投資をしません」
「私があなたを採用しなかったのは、あなたが投資しなかったからです」

2003年、アメリカのバージニア州でこの会話が交わされた(44)。

一見したところ、求職者と採用担当者が感情的に言い争っているようだ。もしかしたら求職者は、肌の色を理由に採用されなかったのかもしれない。あるいは採用担当者のほうは、履歴書を一目見て「学歴が足りない」と判断したのかもしれない。

しかし、求職者は黒人ではなく「紫」だった。そしてこの2人は、求職者と採用担当者ではなく、どちらも学生だ。2人の学生は、ハーバード大学教授のローランド・フライヤーの研究チームが行った実験に参加していた。

フライヤーがこの実験で証明したかったのは「数字の危うさ」だ。数字だけを頼りにすると、どんなに平等な世の中でも、あっという間に格差が生まれてしまう。

全員が合理的になれば「格差」が拡がる

この実験はロールプレイング方式で行われる。

実験の参加者は、「企業の採用担当者」「緑の求職者」「紫の求職者」の役を演じる。それぞれのロールプレイで、求職者は自分の教育に投資するかどうかを決める。

求職者には投資しないことを選ぶ動機が与えられる。実験に参加した学生はアルバイト代がもらえるのだが、教育に投資することを選ぶと、自分でお金を払わなければならない。その一方で、教育に投資すれば「テスト」でいい点を取る可能性が上がり、その結果としてさらに多くのお金がもらえるかもしれない（ここでの「テスト」はサイコロであり、教育に投資するほど、サイコロに細工をして自分に有利な目が出るようにできる）。

高い教育を受けた人ほど、会社のためにたくさん稼いでくれる可能性が高いので、採用担当者はテストの点数をもっとも重視する。とはいえ、テストの点数を見るだけでは、その求職者が本当に高い教育を受けたのかはわからない。

この実験は、現実の状況にとてもよく似ているといえるだろう。採用担当者は、求職者が本当に求める人材なのかわからない。そこで、テストの点数のような不完全な基準を頼りに判断することになる。

実験の最初の段階で、紫の求職者の投資額をやや少なく設定する。このこと自体、紫の求職者のアイデンティティとはまったく関係ない。色はランダムに割り当てられているからだ。次の段階で、今度は採用担当者が求職者の投資額を見ることができる。そして彼らは、紫の求職者は雇わないほうがいいだろうと判断する。

すると紫の求職者は、緑の求職者のほうがたくさん採用されていることに気づき、教育への投資額をさらに少なくする。**最初に投資したときに採用につながらなかったので、投資はムダだと判断したから**だ。

ここで興味深いのは、**誰もが合理的に行動している**ということだ。数字だけで判断すれば、彼らにとってこれがベストの戦略だ。しかしこれを20回続けるうちに、ある悪循環が生まれ、最終的に極端な格差社会に行き着いてしまう。

「本当に驚きました。学生たちは心底腹を立てていましたね」。フライヤーは、『人は意外に合理的』（武田ランダムハウスジャパン）という本の中で、この実験について書いたティム・ハーフォードに語った。「最初の小さな格差は、まったくの偶然の結果です。しかし学生たちはその格差にしがみつき、決して手放そうとしなかった」

犯罪を「犯しそうな人」を予測している

もちろん、現実の世界はこれよりもずっと複雑だ。しかし、力強いメッセージを伝えていることは間違いない。数字とは、世界のあり方の原因であり、それと同時に結果でもあるのだ。

数字は一見すると、ただ現実を受動的に映しているだけの存在だと思うかもしれないが、それは大きな間違いだ。**数字はむしろ、現実を形作っている。**そして、数字の支配を許すほど、数字は現実を変えていく。

これが、現代のビッグデータ社会で起こっていることだ。

たとえば、「プレディクティブ・ポリシング」（予測警備）について考えてみよう。これは警察が利用しているアルゴリズムで、犯罪者になりそうな人を予測する機能がある。

アメリカのデータによると、貧しい黒人の若い男性と犯罪性の間には明確な相関関係があるという。そこでこのアルゴリズムにもとづき、警察は「貧しい黒人の若い男性」という描写にあてはまる地域や人物を重点的に警戒する。

その結果が、人種によって捜査対象を選別する「レイシャル・プロファイリング」であり、ただ黒人だというだけで、多くの無実の人が逮捕される事態につながった。そして、ある特定のグループの逮捕者が増えると、その数が自動的に統計に反映される。

一方で裕福な白人の犯罪者は、ただ犯罪者の特徴にあてはまらないという理由で見逃されてしまうかもしれない。つまり、**黒人の犯罪者は実際より多く、そして白人の犯罪者は実際より少なく統計に反映される。**その結果、肌の色と犯罪性の相関関係がさらに強まることになるのだ。

クレジットスコアでも同じようなリスクがある。ある特性を備えた人は、他の人よりもローンの審査に通りにくいとしよう。その結果、その人たちは貧困に陥りやすくなり、さらにローンの審査に通らなくなる。この悪循環で、貧困化がさらに加速する。

この種のアルゴリズムは、自分の予言を自分でかなえる装置のようなものだ。現実を反映するはずの数字が、逆に現実を創り出している。

「中国」ではもう始まっている

2014年、中国政府は、2020年から全国規模の「社会信用システム」を採用すると発表した。中国指導部によると、これは「和諧社会」（正式には「社会主義和諧社会」。調和の取れた社会主義の社会という意味）を確立するために欠かせない措置だという。[45]

ある報告によると、このシステムで**『信用力が高い』と評価された人は国中どこでも大手を振って歩けるが、『信用力が低い』と評価された人は身動きがとれなくなる**」という。

２０１５年、中国人民銀行が８つの会社を選んでこのシステムの実験を始めたので、私たちもこの数年の間にシステムを観察する機会に恵まれた。[46]

「アプリ」のポイントでできることが変わる

選ばれた会社の１つがアント・フィナンシャルだ。アント・フィナンシャルは、中国の巨大ネット通販会社アリババが提供するキャッシュレス決済サービス「アリペイ」を運営する会社だ。

アリペイのユーザーは5億人以上にのぼり、[47] 店舗での支払いや列車の切符の購入はもちろん、出前を注文する、タクシーを呼ぶ、お金を借りる、各種支払いをする、罰金を払う、さらには友達作りまで、このアプリを使えばありとあらゆることができる。

たとえるなら、銀行のアプリと、アマゾン、フェイスブック、ウーバー、交通系ＩＣカードが合体したようなものだ。そして中国人民銀行の命令により、新しいサービスも加えられた。それが、「芝麻《ゴマ》信用（セサミ・クレジット）」と呼ばれるポイント・システムだ。

芝麻信用の利用者には、350〜950のポイントが与えられる。(48) ポイントが600以上ある人は、アリババのオンラインショップで約600ユーロまでクレジットで買うことができる。ポイントが650以上になると、デポジットを払わずに車を借りることができる。そして700以上はビザの申請が簡単になる。

「ゲーム」はスコアを下げ、「オムツ」がスコアを上げる

芝麻信用の高スコアは、自分の評判にもなる。SNSでスコアを自慢することもできるし、マッチングサイトで優先的に相手を紹介してもらうこともできる。まさに「開けゴマ」という呪文のように、さまざまな扉を開けてくれる存在だ。

芝麻信用のポイントを貯めるにはどうすればいいのだろうか？　大切なのは、料金を期日までに払うこと、家賃を滞納しないこと、借金をきちんと返すことだ。住所、職業、資格といった個人情報を提供すれば、さらに高ポイントがもらえる。

アプリを使った買い物も評価の対象で、アント・フィナンシャルのテクノロジーディレクターが『ワイアード』誌のインタビューで語ったところによると、ゲームを買いすぎる

とスコアが下がるが、紙オムツを買うとスコアが上がるという。

この発言は後にアント・フィナンシャルによって否定されたが、それでも興味深い内容であることに変わりはない。アリペイのアプリでどんなデータが収集できるかを考えれば、このスコアシステムには無限の可能性があることに気づくだろう。

それに加えて、芝麻信用は他のソースからのデータも活用している。たとえば、テストでカンニングをしたら、かなり悲惨な運命を覚悟しなければならない。

2015年、芝麻信用のゼネラルディレクターは、大学入学統一テストでカンニングをした生徒のデータを手に入れたいと発言した。彼らの「不誠実な行動」を罰して芝麻信用のスコアを下げるためだ。

それに芝麻信用は、罰金を滞納した数百万人の名前などを含む政府のブラックリストを入手し、該当者のスコアを下げたこともある。

「地球は平ら」動画がオススメされる

ビッグデータは恐ろしい存在だ。規模はかつてないほど大きく、それにアルゴリズムはあまりにも複雑で、ときには開発者さえ理解できないこともある。しかし結局のところ、ビッグデータであろうとスモールデータであろうと抱える問題は同じだ。

私たちは、数字を使っていったい何を達成したいのだろう？

たしかに中国の目的は明確で、「和諧社会を確立すること」なのかもしれない。しかしここで気をつけなければならないのは、**「すべてのアルゴリズムには倫理的な判断が織り込まれている」**ということだ。

アルゴリズムの目的は何かを最適化することだ。たとえばユーチューブは、できるだけ長時間ユーザーに動画を視聴させることを目指している。私たちが動画をたくさん見れば、ユーチューブには広告料がたくさん入るからだ。[49]

それはつまり、動画の内容はそれほど重要ではないということでもある。元グーグルのエンジニアで、ウェブサイト「アルゴ・トランスパレンシー」創設者のギヨーム・シャスロが、ユーチューブのアルゴリズムを調査したところ、地球は平らだと主張する動画や、ミシェル・オバマは男性だと主張する動画をユーチューブが推薦していたことがわかったのだ。

シャスロはイギリスの『ガーディアン』紙に、「ユーチューブではフィクションが現実を凌駕している」と語った。

「5%」は多いし、少ない

警察も同じだ。

彼らがプレディクティブ・ポリシングのアルゴリズムを使うのは、社会の安全を最適化するためだ。しかしこの目的は、「正義」というもう1つの大切な目的と対立することになる。無実の人を逮捕するのは、「正義」の名のもとに正当化できるのだろうか？

その答えは、あなたがどのような結果を求めているかで違ってくる。

クレジットスコアにも同じことがいえる。この章ですでに見たように、アメリカの連邦取引委員会は、クレジットレポートの20に1つには重大な誤りがあると認めた。しかしアメリカの信用情報機関の集まりである消費者情報産業協会（CDIA）は、むしろこの情報を歓迎している。**裏を返せば、消費者の95%は間違いの影響を受けていない**からだ[50]。

そもそもこの5%という数字は、はたして多いのだろうか？　それとも少ないのだろうか？　その答えは、あなたがこのスコアで何をしたいのかによって違ってくる。

お金を貸す人たちはたいてい商売でやっているプロであり、彼らの目的は利益を上げることだ。彼らの基準で考えれば、95%は十分に信用できる数字だろう。それが公正であるかどうかはそれほど重要ではない。彼らにとって、借り手はクライアントではなく商品だからだ。

「民主主義国家」でもやっている

私たちは監視を怠ってはいけない。

社会信用システムなんて独裁政権のやることであり、自分たちには関係ないと思うかもしれないが、イギリスや他の国でもスコアシステムは幅広く活用されている。テクノロジー・ジャーナリストのマウリッツ・マルティンとディミトリ・トクメッツィスの言葉を借りれば、私たちは「スコアボード社会」に住んでいるということだ。[51]

ローン審査の担当者は、申請者にお金を返す能力があるかどうか計算する。保険会社は加入者が病気になる確率を計算し、税務署は納税者が脱税する確率を計算し、警察は市民が法を破る確率を計算する。

そして**彼らが計算するたびに、私たち市民の生活は何らかの影響を受ける。**ローンの審査に通らないかもしれないし、保険料が上がるかもしれないし、追徴課税の通知が来るかもしれないし、逮捕されるかもしれない。

そして、もっとも大きな痛手を受けるのは、つねにもっとも弱い立場にある人だ。

とはいえ、ビッグデータに世界をよりよい場所にする力があるのも事実だ。たとえばケニアのジェニファーは、ローンのおかげで生活を向上させることができた。しかし、ジェニファーのような人を助けるアルゴリズムには、昔からの格差を維持し、さらに新しい格差を創り出す力もあるのだ。

アルゴリズムそれ自体は「善」でも「悪」でもない。問題はその使い方だ。だからこそ、アルゴリズムの目的をつねに問いただすことがとても重要になる。

私たちは、真実を見つけるためにアルゴリズムを使っているのだろうか？　それとも利益を上げるため？　安全と自由のどちらを優先するのか？　正義か、それとも効率性か？

これらはモラルのジレンマであり、統計のジレンマではない。

アルゴリズムは完全に客観的ではありえない。どんなに信頼できるデータを集めても、どんなにＡＩが進歩してもそれは変わらない。この事実を忘れると、たまたまコンピュータの才能があっただけの人たちに、モラルの判断をすべてゆだねることになってしまう。

そして彼らは、プログラムを組みながら、同時に「善」と「悪」の判断も行っているのだ。

6章

数字はときに感情的

「バイアス」をなくすのに知識より必要なこと

「アルコールはたった1杯でも多すぎる」――2018年4月、オランダ通信社NOSのウェブサイトにこんな見出しが躍った。[1] 記事によると、1日に摂取するアルコールの量が1杯増えるごとに、早死にする確率が高くなっていくという。[2]

記事の根拠は、権威ある医学誌『ランセット』に発表されたある研究だ。トータルの被験者が60万人ほどになる83の研究を集計したところ、この結果になったという。[3] たしかにかなり大がかりな研究だが、相関関係は必ずしも因果関係を意味しない。

アメリカ人医師のビナイ・プラサドも同じことを考えたようだ。何よりもエビデンスを重視する医師であるプラサドは、『ランセット』に掲載された研究を徹底的に調べあげた。

そして自身のツイッターで、「ある研究チームによって（略）エセ科学と医学ニュースに対する人間の飽くなき欲望が証明された」と、かなり辛辣な投稿をした。[4]

そこから彼は、30以上のツイートのスレッドで、最初のツイートの意図を詳しく説明した。一連のツイートの中に、この本でもすでに見た出版バイアスも登場する。

さらに、観察期間が短すぎることや、ビールを飲んだ人の間では死亡率の上昇がたしかに認められたが、ワインを飲んだ人の場合は上昇がごくわずかだったという事実の指摘もあった。一般的に、**低収入の人はビールを多く飲む傾向がある。**プラサドの考えでは、早死にの原因はアルコールではなく収入が低いことだ。

そしてそれを読んだ私は、ワインを2、3杯飲んでもまったく問題ないという結論に達した。

物事がどんどん悪くなる仕組み

オンラインメディア「Correspondent」で記者として働き始めたとき、私は「数字の誤用」という問題を解決する方法を、すでに見つけたつもりでいた。それは、もっとたくさん知識を身につけることだ。

経済協力開発機構（OECD）によると、先進国の大人の4人に1人は、数学の能力が最低かそれ以下のレベルだという。統計やグラフを理解できないのだ。[5] 数学恐怖症は深刻な問題であり、2012年のOECDの報告によると、15歳の30％が該当するという。[6]

ニュースの消費者が数字のしくみを理解すれば、誰もが数字のウソを見破れるようになるはずだ。そこで私は、世論を反映していない世論調査や、統計における「誤差の範囲」という概念、相関関係と因果関係の違いなどについての文章を書いた。

そして書くたびに、数字のウソを見抜く方法を説明し、将来の間違いを予防することに努めていた。

知識が究極の解決策だ。これ以上、合理的な結論があるだろうか？

気候科学者が気温グラフを発表するのも、ジャーナリストが政治的な声明のファクトチェックをするのも、政治家が討論会で経済の数字を自慢げに披露するのも、すべてより多くの情報を提供して間違いを撲滅することを目指しているためだ。

「60年前」にカラクリはわかっていた

しかし、数字のウソや誤用について書くほどに、知識こそが唯一の解決策であるという確信は揺らいでいった。私のように、数字のウソへの警告を発しているライターはたくさんいる。しかし、**期待したような変化はほとんど起こっていない**。

ダレル・ハフが『統計でウソをつく法』を書き、数字の落とし穴を読者にわかりやすく説明したのは、もう60年以上も前のことだ。この本はベストセラーになったが、同じようなウソや間違いは今でも蔓延している。

IQと肌の色に関する議論も定期的に現れ、世論を反映していない世論調査も相変わらず信用され、相関関係と因果関係を混同した医療ニュースも毎日のように流れている。

こういった間違いは、たいてい2つか3つの簡単な質問で暴くことができる。このデータはどのように標準化したのか？　どのように収集したのか？　ただの偶然である可能性はあるか？　すべてこの本で見てきた質問であり、巻末にもリストを掲載しているので参考にしてもらいたい。

それでも数字のウソは後を絶たない。科学者、ジャーナリスト、政治家、新聞の読者のチェックをすり抜け、堂々と世の中に蔓延している。

そして私自身も、数字のウソにだまされる存在だ。

「思い込み」の力はとても大きい

たとえばある講義を行った後に、参加者の50％が私の講義を高く評価しなかったという数字を見たときは、思わず穴を掘って潜り込みたくなった。そのとき私が忘れていたのは、**アンケートに答えたのはたったの2人**だったということだ。[7]

また、女性プログラマーは同僚から能力を低く評価されるという記事を読んだとき、私は大いに腹を立てた。しかし後になって、記事が元の研究を誤解していたことが判明する。実際のところ、プログラマーの世界はそこまで男尊女卑ではない。[8]

自分が記事の中で口を酸っぱくして注意してきたことなのに、当の本人がこうやって何度も同じ間違いをくり返しているのだ。

この本を書き始めて、私はやっとその理由がわかってきた。

数字の解釈に必要なのは理性だけだと思っていたが、実は**直感や感情も大きく関わっている。**この本でも見てきたように、科学者が自分の偏見や思い込みの影響を受ける（意識的にせよ、無意識にせよ）例が、それこそかぞえ切れないほど存在する。

そして、数字の消費者である私たちも例外ではない。

正しくないけれど、正しい感じがする解釈

イェール大学教授のダン・カハンは、文化、価値観、思い込みが思考に与える影響を長年にわたって研究している。たとえばある実験では、参加者を集めて、スキンクリームの臨床試験に関する架空のデータを解釈してもらった。(9)

1つのグループは、クリームを塗ったら皮膚の発疹が増えたというデータを渡される。もう1つのグループは発疹が減ったというデータだ。そしてカハンの研究チームは、参加者に質問をする。このスキンクリームは、皮膚の発疹の治療になるだろうか？　それともさらに悪化させるだろうか？

この質問に答えるには、参加者は図表に記された数字を使ってやや複雑な計算をしなければならない。すべての参加者は、データを見る前に数学のテストを受けていた。そのテストで高得点だった人は、正解を出す確率が高かった。

ここまでは、たいていの人が予想する通りの結果になっている。つまり、数学の能力が高いほど正解に近づけるということだ。

しかし、実験はここで終わりではない。

参加者は次に、さっきと似たようなデータを渡される。今度はアメリカの世論を二分する大問題「銃規制」がテーマだ。銃規制を強化する架空の実験でわかったことが、スキンクリームのデータと同じように数字や図表を使って書かれている。ここでの質問は、銃規制の強化によって犯罪は増えたのか、それとも減ったのか、というものだ。

都合のいい「理屈」を考えてしまう

今度は、スキンクリームの実験とはまったく違う結果になった。数学のテストで点数がよかった人も、正解にたどりつけなかったのだ。データの数字はスキンクリームとまったく同じなのに、テーマが銃規制だとなぜか計算を間違えてしまう。

この違いを説明する言葉は**「イデオロギー」**だ。[10] リベラルを自認する民主党支持者はたいてい銃規制に賛成で、この実験では銃規制の強化によって犯罪は減ったと解釈した。一方で共和党支持の参加者は正反対の解釈をする。彼らにとっては、銃規制の強化は犯罪の減少につながらない。

どちらのケースも、実際の数字は関係なく、それぞれのイデオロギーを反映する結果になった。

カハンが言うには、これらの結果はすでに事実とは関係なくなっている。参加者にとって大切なのは、自分のアイデンティティを守ることであり、自分の「部族」への帰属意識を表明することだ。

そしてカハンの観察によると、**数学が得意な人ほど、データの曲解にも長けている。**ちなみに、たいていはまったく無意識のうちに行っているという。無意識の心理に操られて決断していることだ。

カハンは同じような実験を何度も行い、そのたびに同じ結果になった。知識やスキルがある人ほど、さまざまな理屈をつけて自分をごまかそうとする。[11]私たちの脳はまるでやり手の弁護士のようだ。事実が何を告げていようとも、自分の思い込みを守る理屈をいくらでもひねり出してくる。

合理的に非合理な行動を取る

ときには、同じ人物の中に2つの相反する思い込みが同居することもある。

たとえば、保守派のアメリカの農家は、気候変動を真っ向から否定しながら、気候変動の影響から自分のビジネスを守るためにあらゆる手段を講じていたりする。[12]

非合理的な行動だと思うかもしれないが、カハンに言わせるとこれはむしろ合理的な行動だ。

自分の意見を変えるのは大きな危険を伴う行為だ。気候変動を信じるなどといきなり言い出したら、家族や教会や野球チームから仲間はずれにされるかもしれない。

ここで「気候変動は事実だ」と主張したところで、見返りは期待できない。それに気候は自分の力でどうこうできるものでもない。彼にできるのは、ただ真実が明らかになるのを待つことだけだ。

世界をより正しく見るには

私たちの誰もがこの種の心理的なプレッシャーから影響を受けている。カハン自身も例外ではない。２０１４年、ジャーナリストのエズラ・クラインのインタビューで、自分も実験の参加者と同じ間違いをするだろうと述べている。[13] カハンもまた、「事実」を使って自分のアイデンティティを守ろうとするのだ。

つまり、**数字を正しく理解するには、ただ知識を増やすだけでなく、自分の心理も自覚しなければならない**ということだ。

それでは、数字を見るときに、自分の偏見をきちんと自覚するにはどうすればいいのだろうか？　気をつけることを3つ紹介しよう。

1　自分の「感情」を自覚する

カハンの実験で見られたような心理的プロセスがまったく働かない場面もたくさんある。たとえば対象がスキンクリームのようなものであれば、ほとんどの人が中立の立場だ。

ここで問題になるのは、**対象に何らかの思い入れがあるケース**だ。レイシズム、セックス、アルコールやドラッグなど依存性のある物質が対象になると、人々の中に強い感情がわき上がる。本書がこういった話題を取り上げたのもまさにそのためだ。どれも自分のアイデンティティや、自分の「部族」と大いに関係がある。

数字を正しく解釈するには、こういった強い感情をただ取り除けばいいのだろうか？　**残念ながら、それは不可能**だ。好むと好まざるとにかかわらず、感情はあなたの中に存在する。

そして、それはいいことでもある。もし恐怖心がなければ、何も考えずに危険な状況の中に入っていってしまうだろう。怒りがなければ、正義のために立ち上がることもない。

そして喜びがなければ、まったく味気ない人生だ。人間と感情を切り離すことはできない。

「自分は何を感じたか」を自問する

だから**数字を見たときは、一歩下がって、自分に「私は何を感じているか？」と尋ねることを習慣にしよう。**

先ほど紹介したアルコールの研究を見たとき、私はとっさにイヤな気分になった。特に「その1杯が30分寿命を縮める」[14]という見出しには、本当に納得できなかった。

しかし、この反応はまったくのナンセンスだ。私がこの数字にいらだちを覚えたのは、職業人としての「部族」――数字に簡単にはだまされない集団――だけでなく、個人としての「部族」にも関わる問題だったからだ。

私は友達と会うと、たいていワインかビールを何杯か飲む。それが私たちの流儀だ。1杯飲むごとに30分寿命が縮むという理由で、この大切な流儀を捨てなければならないのだろうか？　そんなことはしたくない。だから、後でプラサドの一連のツイートを読んだときは嬉しくなった。これでお酒を飲み続けることができる。

しかし私は、ある大切な要素を見落としていた。一連のツイートをよく読むと、お酒が体に悪くないとは一言もいっていない。ただこの研究には穴があると指摘しているだけだ。

カハンの研究と同じように、**私もまた、自分の「部族」に都合のいい解釈を選んでいた**のだ。それは「正しい」解釈ではないかもしれないが、「正しく感じる」解釈ではある。

私は職業柄、数字の穴を見つけるのが得意だ。いつも数字を相手にしているので、この種の研究に反論する方法はいろいろ知っている。

つまり私の脳も、自分の思い込みを弁護する弁護士になっていたということだ。

2　「好奇心」は意外に重要

2017年の初め、カハンの研究チームが新しい研究を発表した。[15]

彼らは科学ドキュメンタリーを制作するために、約5000人を対象に科学に対する関心について質問をした。[16]科学の本はどれくらい読むか？　どんな主題に興味を持っているか？　科学の記事とスポーツの記事のどちらを好んで読むか、といったような質問だ。

カハンは次に、回答者の政治的信念と、気候変動についての考え方について質問した。たとえば、「気候変動は、人類の健康・安全・繁栄にどの程度のリスクになると思いますか？」といった質問だ。

最初に回答者の科学の素養を確認したのは、以前の研究で数学のテストを行ったのと同じ理由だ。科学の素養は、気候変動に関する情報を理解するときに役立つとされている。

今回の研究も、前回と同じ結果になった。リベラルな民主党支持者のほうが、保守的な共和党支持者よりも、気候変動のリスクは大きいと考えていた。そして、回答者の「知能」が高いほど、2つのグループの違いは大きくなる。

「反対の意見」に耳を傾ける

しかし、回答者を「知能」ではなく「好奇心」でグループ分けしたらどうなるだろう？

カハンが集めたデータによると、知能と好奇心はまったく別のものだ。科学に対する好奇心が強いからといって、科学的な知能があるとはかぎらない。その逆も言える。

好奇心と温暖化のリスク評価の間にある相関性を見てみると、興味深い結果になった。民主党支持者と共和党支持者の意見は違うままだが、**回答者の好奇心が強いほど、温暖化のリスクは大きいと評価する傾向がある。**この傾向に回答者の政治的信念は関係ない。

なぜ好奇心にこのような力があるのだろうか？

フォローアップの実験で、カハンは回答者に気候変動に関する2つの記事を読んでもらった。1つは気候変動は間違いなく起こっているとする記事で、もう1つは懐疑的な記事だ。

1つの記事は、「科学者が驚きの証拠を報告：北極の氷が予想よりも急速に溶けている」という見出しで、驚きの発見であることを示唆している。そしてもう1つの記事は、「科学者がさらに証拠を発見。やはり過去10年で温暖化のペースは鈍化している」というように、特に新事実はないことを示唆する見出しだ。

カハンは実験の参加者に、どちらの記事を読みたいか尋ねた。ここで好奇心がその力を発揮する。**好奇心が強い人は、自分の考えと同じ内容だと思われる記事ではなく、自分の考えに反する内容だと思われる記事を選んだ**のだ。

彼らにとっては、イデオロギーよりも好奇心のほうが強い力を持っている。

もう1回「クリック」する

この実験は多くのことを教えてくれている。あなたもこれからは、数字を鵜呑みにするのではなく、興味を持ってさらに調べるようにしよう。本を読んでもいいし、インターネットで検索してもいい。同じ数字を違う角度から見ている人が必ずいるはずだ。

自分の信念を裏づけてくれるような文章ばかり読むのではなく、信念が揺らぐような文章や、頭にくるような文章、絶望するような文章も読む。経済学者のティム・ハーフォードが言っているように、**「もう1回クリックしろ」**ということだ。[17]

私もこれを実践してみた。アルコールが健康に与える影響について、さらに情報を集めたのだ。

グーグルで少し調べただけで、アルコールとがんのリスクの因果関係を示唆する研究がたくさん見つかった。たとえば、アルコールを摂取させたヒヒが肝臓病になったという実験[18]や、乳がんのリスクとアルコール摂取は線形相関にあることを発見したメタ分析[19]などだ。

この情報収集でわかったのは、専門家の間では、アルコールが健康によくないというのはすでに常識になっているということだ。たとえばオランダ保健審議会は、2015年からアルコールは1日1杯までにするように推奨している。[20]

この提言には、きちんとした科学の裏づけがあるということだ。

3 「不確実」を受け入れる

好奇心に関するカハンの研究はまだ始まったばかりだ。再現実験が必要であり、それにたとえ再現実験で同じ結果になったとしても、新しい研究で確認しなければならない。

新聞で見る数字にも同じことが言える。それらの数字の出典は、すべて信頼できる研究だ。徹底的に調べられ、査読も通過している。しかし、だからといってそれが最終的な答えというわけではなく、さらなる研究が必要だ。

とはいえ、**絶対に正しい数字ではないからといって、無視するのも間違っている。**カハンの研究からもわかるように、数字は世界に対する理解を今より少しだけ深める助けになってくれる。ただ**鵜呑みにしなければいい**だけだ。

数年のうちには、まったく違う結論が登場する可能性も十分にある。

全部「わかる」なんてない

アルコールに関する研究は、カハンが行っている好奇心に関する研究よりもずっと進んでいる。グーグルで「アルコール　メタ分析」で検索すれば、多くのアルコールに関する研究が同じ結論になっていることがわかるだろう。

乳がんとアルコール摂取の間に因果関係があることは、現在すでに証明されている。アルコールの研究者たちは、かつて喫煙の悪影響を研究していた科学者たちと同じように、「ここまで証拠がそろえばもう十分だ」という結論に到達した。それに、たとえアルコール研究の結果が絶対的でないとはいえ、「絶対」はないのが科学の本質だ。

中程度のアルコール量であれば、ある種の病気の予防になるというような研究結果もたしかに存在する。それに加えて、アルコール研究で判明した因果関係に反論することも可能だろう。動物実験では因果関係が証明されたのかもしれないが、人間は他の動物とは違う。

さらに、どの程度のアルコールを摂取すると体に悪いのかということは、まだはっきりわかっていない。

「不確実性」を頭に入れて決める

どうやら私たち人間は、不確実性を扱うのが苦手なようだ。だからこそ、トークショーのホストは何でも断言するタイプの人ばかりになる。政治討論も新聞の論調も同じだ。彼らはみな、「私にはわかっている。私が世界のしくみを教えてやる」と自信満々だ。

しかし、**すべてに対して決まった答えがある人は、裏を返せば好奇心がない人でもある。**自分の信念を頑として曲げずにいると、新しい情報に対して心を閉ざしてしまうことになる。数字、ひいては情報全般を正しく活用したいのであれば、不確実性を受け入れることが大切だ。

前にも言ったように、数字は現実を見せる窓だが、その窓から見えるのは磨りガラス越しのぼやけた景色だ。どんなに役に立つ数字でも、だいたいのアウトラインしか見せてくれない。

しかし、だからといって判断を放棄してはいけない。現実がどんなに不確実であっても、いつかは何かを決めなければならなくなる。たとえば、あなたはお酒の量を減らすべきなのだろうか？

数字はその答えを教えてはくれない。数字に従っていれば自分で考えなくてもすむと思ってしまいそうだが、数字の役割は簡単な答えをすぐに提供することではない。数字にできるのは、せいぜい道なき道を進む手助けをすることだけだ。

決断が難しいのは、数字が答えを教えてくれないからだが、理由は他にもある。決断には、数字には表れない要素も関係してくるのだ。

お酒を飲むことは、私にとってどれくらい重要なのだろう？　私はどこまで健康リスクを引き受ける覚悟があるのだろうか？　私の全般的な健康状態はどうなっているのだろう？　これらはみな、自分で答えを見つけなければならない問いだ。

まとめると、**自分の感情を自覚し、手に入る情報を調べ、不確実性を受け入れる**ということだ。そのうえで、自分で考えて決断しよう。

最後のヒント――「利害関係」に注意する

２０１８年６月、アルコールが健康に与える影響について、また新しい研究に関するレポートが発表された。[21] とはいえレポートの内容は研究結果ではなく、研究が中断されたという報告だ。

その研究では、史上初となる実験を行っていた。人間の参加者を集め、６年にわたって毎日グラス１杯のアルコールを摂取してもらうのだ。そしてもう１つの統制群はアルコールをまったく摂取せず、それぞれの結果を比較する。

ちなみにこの研究は、アメリカ国立衛生研究所（ＮＩＨ）が１００万ドルの研究資金の大部分をアルコール業界から受け取っているという事実をめぐり、以前からちょっとした騒ぎになっていた。ハイネケンやカールスバーグといったメーカーが共同で研究に出資していたのだ。[22]

それにＮＩＨの内部調査で、研究を担当した科学者たちが「アルコールが健康にいいことを証明するのに十分な証拠」を提供すると約束していたという事実も見つかっている。[23]

この研究は、アルコールの利点がすべて観察され、健康への悪影響はすべて見えなくなるように組み立てられていた。それにがん細胞の多くは成長するまで時間がかかるので、この実験の期間では短すぎる。**ある特定の人々（たとえば、身内にがん患者がいる人）も実験から除外されていた。**

すべては「被験者の安全のため」という口実で行われた措置だが、同時に被験者ががんになり、それがアルコール摂取と関連づけられる可能性を下げる働きもしている。

数字を正しく理解したいのなら、大切なのは推論の誤りを見つけることと、自分の感情を理解することだ。

しかし、おそらくいちばん大切なのは、**「この数字の裏にいるのは誰？」と自分に尋ねることだ**ろう。その人物は、結果に対して何らかの利害関係を持っているだろうか？

おわりに

長年にわたって、私は数字の間違った使い方を見るたびに絶望的な気分になっていた。そもそもの考え方が間違っていることもあれば、感情に引きずられて解釈を間違えたり、真実の追究よりも利害が優先されたりする――これだけそろえば、うんざりするのも当然だろう。

しかし、これはとても残念なことだ。数字は世界を理解する助けになり、世界をよりよい場所にする力を持っている。ここで大切なのは、数字を正しく扱うことだ。言葉を扱うときと同じように、批判的な目を失ってはいけない。

「事実」をもう一度確認する姿勢

そろそろ数字を本来あるべき場所に戻すときだろう。

ありがたいことに、そのような努力をしている人たちはたくさんいる。彼らは数字のウソを批判し、数字が果たす役割を厳しく問いただす。彼らの活動は、私たちは無力ではないことを教えてくれている。

たとえばGDPで考えてみよう。ここ数年で、GDPの限界や、政策決定であまりに大きな役割を果たしていることに対する危惧が表面化してきた。そして、GDPに代わる基準や、GDPを補完する基準が数多く提案されている。

たとえば、生産額の代わりに国民の幸福で評価するというやり方だ。[1] OECDが作成した「より良い暮らし指標」では、国内の自然環境や雇用状況といった要素も評価の基準に含まれている。[2]

また、オランダ中央統計局（CBS）は、最近になって「全般的な幸福度」の統計も取り始めた。この指数の評価基準には、「現代の豊かさが未来の世代に与える影響」という項目もある。[3]

世論調査にも厳しい目が向けられるようになってきた。数字のわずかな動きがニュースを騒がせ、予測がヒートアップする最近の風潮にうんざりしている人も増えている。その結果、それぞれの世論調査の結果を集計し、より広い視点を提供してくれるような仕事が大きく成長した。

一つひとつの調査に一喜一憂するよりも、総合的に眺めたほうが状況をより正確に理解できる。そしてもしかしたら、個々の調査のバイアスを取り除く働きもあるかもしれない。世論調査データの収集を行う機関のうち、たとえばリアルクリアポリティクスは単純な平均を用いているが、ファイブサーティエイトはより複雑なモデルを使っている。

出版バイアスやpハッキング（意図的に有意な結果を出そうとする行為）といった科学の問題も、改善する試みが始まっている。

2012年以来、経済学者や社会学者は、実際に研究を始める前に、行う予定の実験をアメリカ経済学会に登録するようになった。(4) こうすれば研究の内容が明らかになり、有意な結果が出るまでだらだらと実験を続けることができなくなる。

再現実験は昔から人気がなかった。科学者にとっては人目を引く新発見のほうが魅力的で、他人の発見の確認などしたくないからだ。しかしここ数年で、再現実験が目に見えて増えてきている。

たとえば、アメリカのセンター・フォー・オープンサイエンスは、心理学の研究のために再現性プロジェクトを立ち上げた。(5)

270人の科学者が数百におよぶ心理学の実験を再現し、元の研究より効果は小さく、有意性も低いことが多いという発見をしている。

さらには、再現実験の結果だけを掲載する専門誌もできたほどだ。(6)

「評価」を数字で下さない教師

しかし、政治家でも科学者でもない人はどうすればいいのだろう。数字が支配するこの世界で、自分にできることは何かあるのだろうか？

たとえば、「子どもの教育」で考えてみよう。

学校でいちばん大切なのはテストの結果だ。しかしなかには、それとは正反対の方向を目指している教師や学校も存在する。彼らは数字による成績はほとんどつけない。

たとえば、経済学を教えるアントン・ナニンガは、数字ではなく言葉で生徒を評価するようにしている。彼はＮＩＶＯＺ財団のインタビューで、「これでもう数字の裏に隠れることはできなくなった。生徒たちにきちんとしたフィードバックを与えなければならない」と語った。(7)

ドイツ人教師のマルティン・リンゲンナルドゥスも、担当するクラスのいくつかで数字による評価を廃止した。彼は私あてに、ツイッターでこんなメッセージをくれた。「ものすごい解放感だ！　生徒のやる気も段違いだ。教室の雰囲気がリラックスしている（テストのプレッシャーがないからね）。あのやっかいな語形変化さえみんな楽しんで学んでいるよ」[8]

これらはまだ実験にすぎないが、数字を使うのは義務ではなく、1つの選択でしかないことを教えてくれる。

数字が大きな役割を演じるもう1つの分野は、「仕事」だ。

オランダのバイエンコルフというデパートでは、店ごとの売り上げ目標が決まっている。さらにいくつかの支店では、店員が顧客に仕事ぶりの評価を尋ねなければならない。その際、できれば評価の対象になった店員の名前も答えてもらう。[9]

しかし、どうやらこの評価はあまりあてにならなかったようだ。バイエンコルフの店員がオランダの時事問題番組「ニュースアワー」で語ったところによると、同僚たちは自分の平均点を上げるために、家族や親戚に頼んで9点や10点をつけてもらっていたという。[10]

それに加えて、点数の評価は従業員にとって大きなストレスだ。点数が査定に響くという噂もあったために、従業員たちは気が気でなかった。

「自分の権利」としてとらえる

バイエンコルフは全国メディアから批判された。さらにオランダ労働組合連盟（FNV）は、バイエンコルフのすべての店員に満点の10点をつけるよう顧客に呼びかけた。

こうした抗議の声が功を奏し、経営側は評価の方法を変えることにした。顧客による採点は残すが、店員が個人的にフィードバックを求める必要はなくなったのだ。

さらに、ビッグデータのアルゴリズムに対する抵抗も生まれてきている。

たとえば「オープンシューファ」という活動がそれにあたる。シューファとは、ドイツ最大の信用情報会社だ。[11]

シューファのクレジットスコアの影響力は絶大で、個人のお金事情を左右する力を持っている。それでも会社側は、スコアを算出するアルゴリズムの公開を拒んできた。しかしドイツの法律によると、ドイツ市民には自分のクレジットレポートを見る権利がある。

2018年、オープン・ナレッジ財団とアルゴリズム・ウォッチが、自分のクレジットレポートを請求して、その結果を送ってもらいたいとドイツ国民に呼びかけた。データが十分に集まれば、スコアから逆算してアルゴリズムのしくみを解明することができると考えたからだ。

呼びかけから数か月のうちに、2万5000人以上が実際に自分のクレジットレポートを請求した。[12] 呼びかけに応じた人たちは、スコアの裏にある意味を理解することの重要さを認識していたのだ。

こういった前向きな試みを見れば、数字の支配を甘んじて受ける必要はないことがわかるだろう。

私たちは数字の支配に抵抗できる。あなたがジャーナリストであろうと、あるいは政治家、教師、医師、警察官、統計学者であろうと、数字はあなたの人生に影響を与える。そしてあなたには、その力に抵抗する権利がある。

数字を発明したのは人間だ。だから数字をどう使うかも、人間が決めることができる。

Check List

チェックリスト

数字を見たときに考えてほしいこと

たとえば、ニュースである数字を見たとしよう。[1] それが信じられる数字かどうか知りたい人は、今からあげる6つの質問を自分にしてみよう。**正しい情報が見つからないために答えられない質問があったら、その数字はそもそも信用できないということ**だ。研究者自身が自分の手法をはっきり明かしていないのなら、それはあなたにとって価値のある数字ではない。

1 「メッセンジャー」は誰か？

政治家が、自分の政策が景気回復につながる根拠になる統計を提示した。あるチョコレートバーのメーカーが、チョコレートが健康にいいということを証明する研究に出資した。

そんな場合は情報を鵜呑みにせず、**他の情報源も探す**ようにしよう。

2 「私」はどう感じているか？

その数字を見て、自分は嬉しくなったか？　腹が立ったか？　それとも悲しくなったか？　数字を受け入れるか、それとも拒絶するかを決めるときに、直感を頼りにしてはいけない。**自分の感情を自覚し、違う視点の意見も参考にしよう。**

3 それは「標準化」されているか？

その数字が「経済成長」や「知能」などの人間が発明した概念を扱っているなら、特に注意が必要だ。その数値が出る過程で、どんな選択が行われたのだろうか？　たとえばＧＤＰを国民の全般的な幸福度と混同するように、その数字本来の役割を離れた使われ方をしていないだろうか？　同じ概念を違うやり方で計測している研究も探してみよう。

4 データはどう「収集」されたか？

その数字は、おそらく研究のときに集められたデータが根拠になっている。ここで、自分がその研究で行われた実験に参加したと想像してみよう。答えを誘導するような質問はないだろうか？　本当のことを言いたくないような状況で質問されていないだろうか？

収集のしかたに問題がありそうなら、その数字をそのまま信じてはいけない。そして、サンプルは無作為に選ばれているだろうか？　もし違うなら、その数字はある特定のグループの状況を反映しているだけだ。

5 データはどのように「分析」されているか？

その数字から、因果関係があることがたしかにわかるだろうか？　次の3つの質問を自分にしてみよう。

- **両者のつながりがまったくの「偶然」である可能性は？**
- **「他の要素」が関係しているか？**

●**原因と結果が「逆」になっている可能性はあるか?**

いずれにせよ、たった1つの研究で真実がわかると思ってはいけない。メタ分析を調べ、他の研究の結果も参照する。あるいは、ファイブサーティエイト(FiveThirtyEight)のような組織が収集した世論調査を参考に、より総合的な意見を探す。

6 その数字はどのように「提示」されているか?

そして最後に、数字の表現方法について注意する点をいくつかあげよう。

●**平均**:外れ値(他の値から大きく離れた値)の存在が平均を押し上げている、あるいは押し下げているとしたら、その平均値は実態を表していない。

●**具体的な数字**:いくら具体的な数字でも、100%正確ではない理由はたくさんある。ウソの正確さにだまされてはいけない。

●**ランキング**:順位が1つ違っても、誤差を考えれば両者にそれほど大きな違いはない場合もある。

●**リスク**：「ある病気にかかるリスクがX％上昇する」という情報も、「X％」の詳しい中身がわからなければまったく意味がない。いったい何のX％なのだろう？　それに、元の確率が小さいのであれば、X％上昇しても確率は小さいままだ。

●**グラフ**：グラフの縦軸には注意が必要だ。使い方によって結果を大きく左右することができる。縦軸が不自然に伸ばされていないか？　それとも縮められていないか？

謝辞

本とはただのページの集まりではない。そして本の執筆は、単にできるだけ多くの文字をタイプすることとは違う。

本の表紙には私の名前が著者として書かれているが、私ひとりだけの力ではこの本を生み出すことはできなかった。昔から言われているように、1人子どもを育てるには1つの村が必要だ。それをこの本にあてはめるなら、中規模の地方都市が必要だという表現がぴったりくるだろう。

まず、私が執筆する「Correspondent」のすべての読者に感謝したい。読者からアイデアをもらい、読者の意見で思考を整理できたおかげで、長年にわたって執筆を続けることができた。このテーマには需要があると確信し、本を書く決心ができたのも読者のおかげだ。温かい人柄の、知的好奇心が旺盛な人たちに囲まれて仕事ができたのは大きな喜びだ。

オランダ人文社会科学高等研究所(NIAS)でも、同じような温かさ・知的好奇心に触れることができた。私はここにジャーナリスト・イン・レジデンスとして5か月滞在し、本書の執筆に専念する機会に恵まれた。

ＮＩＡＳで出会った他のフェローやスタッフに感謝したい。本を書くという大仕事に飛び込むことができたのは彼らのおかげだ。この体験を可能にしてくれた「卓越したジャーナリズム・プロジェクト基金」に心からの感謝を。

ニューズレターで協力を呼びかけたところ、何十人もの読者が本書の原稿の校正を買って出てくれた。予想外の反応の大きさにとても驚いている。貴重なコメントを寄せてくれたベレント・アルベルツ、ゲラルド・アルベルツ、ロッテ・ファン・ディレン、エーフィア・ドンス、マルセル・ハース、エヴァ・デ・フッル、イエネケ・クリューゲル、アンケ・リヒテルス、ユディト・テル・シュレー、エドゥアルド・ファン・ファルケンブルフ、ヨリス・ファン・フフトに感謝を。

専門家の視点で原稿をチェックしてくれたカスパー・アルベルス、アンナ・アルベルス、イェールケ・ベツレヘム、ロジェ・クレーメルス、ニネッテ・ファン・ハッセルト、ヴァンダ・デ・カンテル、ダニエル・ラーケンス、トム・ラワス、マライケ・ファン・ムーリク、ダニエル・ムッゲにも感謝したい。

本書は経済学者のバルバラ・バールスマ、歴史家のルトガー・ブレグマン、アーティスト・コラムニストのピーテル・デルクス、ユトレヒト大学メディア学教授のヨセ・ファン・ダイク、政治家・映画監督のフェムケ・ハルセマ、ポピュラーサイエンス作家のバハリング、コラムニストのロザンヌ・ヘルツベルハー、数学者・科学ジャーナリストのイオニカ・スメーツから推薦の言葉をいただいた。みなさん超多忙なスケジュールの中で、この本を実際に読んでくれたことに驚きを覚えるとともに、心から感謝している。

オンラインメディア「Correspondent」の同僚たちにも感謝の言葉を捧げたい。わずか数年前まで、私の中ではネットで名前を見るだけの存在だったが、今では顔のある本物の人間になっている。あなたたちは単なる仕事以上の存在だ。あなたたちの支えと友情に感謝する。

本書のオランダ語タイトルを考えてくれたロブ・ワインベルフに感謝を。彼は私の夢の仕事も創り出してくれた。

原稿を精読してくれたディミトリ・トクメツィス、ジャーナリズムの師匠で大切な友人のマイテ・フェルメレン、友人でメンターのルトガー・ブレグマンにも心からの感謝を。

アンネリーケ・ティレマの超人的に正確なチェックのおかげで、原稿から間違いを取り除くことができた。フィアレ・ファン・ヴァイクは原稿の最後の仕上げをしてくれた。

英語版の出版に尽力してくれた「インターナショナル・チーム」にも心からの感謝を。ジャンクロウ&ネズビットのレベッカ・カーター、セプターのジュリエット・ブルックとルイーズ・コートは、実際に読む前からこの本の可能性を信じてくれた。スザンヌ・ホイケンスフェルト・ヤンセンをはじめ、英語版の実現を可能にしてくれたすべての人に感謝したい。

そして「ハードコア」に最大級の感謝を。アンドレアス・ヨンケルスは、鋭いコメントと尽きることのない熱意でこの本を世間に知らしめてくれた。どうもありがとう。

ミロウ・クライン・ランクホルストへ。2人でこの本の構想を話し始めたとき、私はまだまだひよっこだった。私を信じてくれてどうもありがとう。あなたと一緒に働けたのはとても光栄なことだ。

ハルミンケ・メデンドロップへ。孤独な執筆作業を乗り越えられたのはあなたの励ましのおかげだ。あなたからの教えは、作家人生が終わるまで忘れないだろう。それにあなたはとてもすばらしい人だ。

この本がこうして日の目を見ることができたのは、私の愛する故郷ミデルブルフのおかげだ。部屋にこもって執筆に没頭するのはとてもロマンチックな行為ではあるが、ノイズキャンセリングのヘッドホンを奪って私を外に連れ出してくれる家族や友人がいなかったら、私はきっと頭がおかしくなっていただろう。

アンナ・デ・ブリュッケレ、カルロッタ・ファン・ヘレンベルフ・フバル、カルリン・ヤンセン。長年にわたってあなたたちと人生をともにすごすことができたのは大きな喜びだ。ユーモア、信頼、そして忍耐強い耳をどうもありがとう。

ヒルケ・ブラウとマリケ・ランヘン。あなたの家族は、私の人生を照らす明るい太陽の光だ。ミース、ピア、ペピンに、サニーおばさんがまたベビーシッターをしに行くよと伝えてほしい。

ユーレ・ブラウとイェチェ・ブラウ＝リンド、本を書くことよりもさらに恐ろしいことを私に依頼してくれてどうもありがとう。あなたたちの結婚式で立会人を務めるという栄誉を授かり、あの日は私の人生でもっとも美しい思い出の1つになった。

ティアード・ブラウとドミニク・ヴィレムセ、ミデルブルフでランチにつきあってくれてどうもありがとう。これからは毎日一緒にランチができるように、何かうまい言い訳を考えることを約束する。

マライケ・ファン・ムーリク。ママ、この本はあなたに捧げる。あなたは私に人生を生きる方法を教えてくれた。どうもありがとう。

導入したがっている」。@bijlesduits on Twitter (2018年5月30日)

9 Sheila Sitalsing, 'Dappere verkoopsters van de Bijenkorf bewijzen: protesteren tegen onzin heeft zin' (「バイエルンコルフの勇敢な店員が証明した：ナンセンスに抵抗することは役に立つ」), *de Volkskrant* (22 May 2018).

10 'Steeds meer beoordelingen: "Dit geeft alleen maar stress"' (「評価を増やすほどストレスにつながる」), *Nieuwsuur* (24 April 2018).

11 http://www.openschufa.de (2018年8月17日に閲覧).

12 selbstauskunft.net/schufa. 9月18日に閲覧。その時点で27,959件の応募があった。

チェックリスト　数字を見たときに考えてほしいこと

1 ここで紹介した6つの質問は同じ趣旨のリストを参考にした。たとえば、Tim Harford著『*Your Handy Postcard-Sized Guide to Statistics*』、ダレル・ハフ著『統計でウソをつく法』の最後の章、Michelle Nijhuis著『*The Pocket Guide to Bullshit Prevention*』など。

10 回答者は支持政党とイデオロギーについて質問を受けていた。カハンと同僚は、その答えを科学的に分析し、回答者を「リベラルな民主党支持者(liberal Democrats)」と「保守的な共和党支持者(conservative Republicans)」に分類した。

11 この発見は、カハンと同僚たちだけでなく、他の研究者によっても何度も再現されている。たとえば以下を参照。Dan Kahan, Asheley Landrum, Katie Carpenter, Laura Helft and Kathleen Hall Jamieson, 'Science Curiosity and Political Information Processing', *Advances in Political Psychology* (2017).

12 Beth Kowitt, 'The Paradox of American Farmers and Climate Change', *fortune.com* (29 June 2016).

13 Ezra Klein, 'How Politics Makes Us Stupid', *Vox.com* (6 April 2014).

14 '"Een extra glas alcohol kan je leven met 30 minuten verkorten"' ('One Extra Glass of Alcohol Can Shorten Your Life by 30 Minutes'), *AD* (13 April 2018).

15 Dan Kahan, Asheley Landrum, Katie Carpenter, Laura Helft and Kathleen Hall Jamieson, 'Science Curiosity and Political Information Processing', *Advances in Political Psychology* (2017). この研究については以下が大いに参考になった。Brian Resnick, 'There May Be an Antidote to Politically Motivated Reasoning. And It's Wonderfully Simple', *Vox.com* (7 February 2017).

16 この章では以下、「好奇心」はすべて「科学的好奇心」をさしている。

17 Tim Harford, 'Your Handy Postcard-Sized Guide to Statistics', timharford.com, published previously in *Financial Times* (8 February 2018).

18 'Animal Models in Alcohol Research', *Alcohol Alert* (April 1994).

19 Chiara Scoccianti, Béatrice Lauby-Secretan, Pierre-Yves Bello, Véronique Chajes and Isabelle Romieu, 'Female Breast Cancer and Alcohol Consumption: A Review of the Literature', *American Journal of Preventive Medicine* (2014).

20 *Richtlijnen goede voeding 2015 (Guidelines for Healthy Eating)*, Netherlands Health Council (2015).

21 Roni Caryn Rabin, 'Major Study of Drinking Will Be Shut Down', *New York Times* (15 June 2018).

22 Owen Dyer,'$100m Alcohol Study Is Cancelled amid Pro-Industry "Bias"', *BMJ* (19 June 2018).

23 Roni Caryn Rabin, 'Federal Agency Courted Alcohol Industry to Fund Study on Benefits of Moderate Drinking', *New York Times* (17 March 2018).

おわりに

1 Sanne Blauw, 'Waarom je beter geluk dan rendement kunt meten' (「儲けよりも幸せを計測するほうがいい理由」), *De Correspondent* (20 March 2015).

2 'OECD Better Life Index', http://www.oecdbetterlifeindex.org (2018年8月17日に閲覧).

3 *Monitor brede welvaart 2018 (Monitor of Well-being:a Broader Picture)*, Netherlands Statistics (2018).

4 'AEA RCT Registry', http://www.socialscience-registry.org (2018年8月16日に閲覧)。その他の事例にセンター・フォー・オープン・サイエンスへの登録もある。

5 'Estimating the Reproducibility of Psychological Science', Open Science Collaboration, *Science* (2015).

6 たとえば以下を参照。*International Journal for Re-Views in Empirical Economics.*

7 Geert Bors,'Leraar zijn in relatie (2): je bent je eigen instrument' (Being a teacher in relation (2): You Are Your Own Agent), *Stichting NIVOZ* (4 July 2018).

8 「(中等職業訓練校で)教えて3年になるが、その間に1度も生徒の成績をつけていない。ものすごい解放感だ！　生徒のやる気も段違いだ。教室の雰囲気がリラックスしている(テストのプレッシャーがないからね)。あのやっかいな語形変化さえみんな楽しんで学んでいるよ。生徒たちがとても誇らしい。でもこのやり方をしている教師は私だけだ。初等の教師も

Apple does not Always Fall to the Ground (Even though Economists say it Does)'), *De Correspondent* (24 September 2015).

41 Erick Schonfeld, 'Eric Schmidt Tells Charlie Rose Google is "Unlikely" to Buy Twitter and Wants to Turn Phones into TVs', *TechCrunch* (7 March 2009).

42 より正確には、アルゴリズムは医療機関にかかる人の数を予測するように設計されていた。以下を参照。David Lazer, Ryan Kennedy, Gary King and Alessandro Vespignani, 'The Parable of Google Flu: Traps in Big Data Analysis', *Science* (14 March 2014). 続く段落でもこの記事を参照している。

43 この相関関係は完全な偶然ではない。高校バスケのシーズンは多かれ少なかれインフルエンザの流行期と重なるからだ。

44 この実験については以下を参照した。Tim Harford, *The Logic of Life* (Random House, 2009); and Roland Fryer, Jacob Goeree and Charles Holt, 'Experience-Based Discrimination: Classroom Games', *The Journal of Economic Education* (Spring 2005).

45 'Planning Outline for the Construction of a Social Credit System (2014–2020)', Rogier Creemersによる英訳、*China Copyright and Media* (14 June 2014). 続く引用もこの資料より。

46 Rogier Creemers, 'China's Social Credit System: An Evolving Practice of Control', *SSRN* (9 May 2018).

47 Alipay website, *intl.alipay.com* (2018年8月15日に閲覧).

48 ここと続く段落で以下を参照した。Rachel Botsman, 'Big Data Meets Big Brother as China Moves to Rate Its Citizens', *Wired* (21 October 2017); Mara Hvistendahl, 'Inside China's Vast New Experiment in Social Ranking', *Wired* (14 December 2017).

49 Paul Lewis, '"Fiction is Outperforming Reality": How YouTube's Algorithm Distorts the Truth', *Guardian* (2 February 2018).

50 'FTC Report Confirms Credit Reports Are Accurate', *CISION PR Newswire* (11 February 2013).

51 Maurits Martijn and Dimitri Tokmetzis, *Je hebt wél iets te verbergen*, ('You Do Have Something to Hide'), *De Correspondent* (2016).

6章　数字はときに感情的

1 'Een glas alcohol is eigenlijk al te veel' ('One Glass of Alcohol is One Too Many), *nos.nl* (13 April 2018).

2 この章の改訂版が「Waarom slimme mensen domme dingen zeggen（なぜ賢い人々が愚かなことを言うのか）」というタイトルで『De Correspondent』に掲載された(2018年7月18日)。この章の一部は以下に触発された。Tim Harford, 'Your Handy Postcard-Sized Guide to Statistics', timharford.com, published previously in *Financial Times* (8 February 2018).

3 Angela Wood et al, 'Risk Thresholds for Alcohol Consumption: Combined Analysis of Individual-Participant Data for 599,912 Current Drinkers in 83 Prospective Studies', *The Lancet* (14 April 2018).

4 @VinayPrasadMD on Twitter (28 April 2018).

5 'Skills Matter: Further Results from the Survey of Adult Skills' (OECD Publishing, 2016).

6 'PISA 2012 Results: Ready to Learn Students' Engagement, Drive and Self- Beliefs (Volume III)' (OECD Publishing, 2013).

7 Sanne Blauw, 'Waarom we slechte cijfers zoveel aandacht geven' ('Why We Pay So Much Attention to Bad Numbers'), *De Correspondent* (15 June 2017).

8 Sanne Blauw, 'Het twaalfde gebod: wees je bewust van je eigen vooroordelen' ('The Twelfth Commandment: Be Aware of Your Own Prejudices'), *De Correspondent* (24 February 2016).

9 Dan Kahan, Ellen Peters, Erica Cantrell Dawson and Paul Slovic, 'Motivated Numeracy and Enlightened Self-Government', *Behavioural Public Policy* (May 2017). この研究に関する記述でEzra Kleinによる以下がとても参考になった。'How Politics Makes Us Stupid', *Vox.com* (6 April 2014).

ScienceAdvances (17 January 2018).

14 Brian Christian and Tom Griffiths, *Algorithms to Live by* (Henry Holt and Company, 2016).

15 Cathy O'Neil, *Weapons of Math Destruction* (Crown, 2016).

16 1959年、コンピュータ科学者のArthur Samuelが「機械学習」という言葉を作った。機械学習の定義は「目的が明確にプログラムされていないコンピュータに学習する能力を与える学問分野」となる。

17 'Our Story', *zestfinance.com* (2018年8月14日に閲覧).

18 'Zest Automated Machine Learning', *zestfinance.com* (2018年8月14日に閲覧).

19 この段落では以下を参照した。'U staat op een zwarte lijst' ('You Have Been Blacklisted') by Karlijn Kuijpers, Thomas Muntz and Tim Staal, *De Groene Amsterdammer* (25 October 2017).

20 Julia Dressel and Hany Farid, 'The Accuracy, Fairness and Limits of Predicting Recidivism', *ScienceAdvances* (17 January 2018).

21 'Background Checking – The Use of Credit Background Checks in Hiring Decisions', *Society for Human Resource Management* (19 July 2012).理論上はバックグラウンドチェックの許可を拒否することもできる。とはいえ選択肢はほとんどない。拒否すると仕事のチャンスも失うことになるかもしれないからだ。

22 Amy Traub, *Discredited, Demos* (February 2013).

23 'Credit Reports', *Last Week Tonight with John Oliver*, HBO (10 April 2016).

24 前出の調査では、正当化する理由として雇用主の45%が犯罪抑止のため、19%が求職者の信頼性を調べるためと答えた。

25 Jeremy Bernerth, Shannon Taylor, H. Jack Walker and Daniel Whitman, 'An Empirical Investigation of Dispositional Antecedents and Performance- Related Outcomes of Credit Scores', *Journal of Applied Psychology* (2012).

26 Kristle Cortés, Andrew Glover and Murat Tasci, 'The Unintended Consequences of Employer Credit Check Bans on Labor and Credit Markets', Working Paper no. 16-25R2, Federal Reserve Bank of Cleveland (January 2018).

27 Seth Stephens-Davidowitz, *Everybody Lies* (Bloomsbury Publishing, London, 2017).

28 Sean Illing, 'Proof That Americans Are Lying About Their Sexual Desires', *Vox.com* (2 January 2018).

29 ダグラス・メリルはTEDxトーク「New credit scores in a new world: Serving the Underbanked」(2012年4月13日)の中で「あらゆるデータが信用データだ」と発言した。

30 Karlijn Kuijpers, Thomas Muntz and Tim Staal, 'U staat op een zwarte lijst' ('You Have Been Blacklisted'), *De Groene Amsterdammer* (25 October 2017).

31 *Report to Congress Under Section 319 of the Fair and Accurate Credit Transactions Act of 2003*, Federal Trade Commission (December 2012).

32 Lauren Brennan, Mando Watson, Robert Klaber and Tagore Charles, 'The Importance of Knowing Context of Hospital Episode Statistics When Reconfiguring the NHS', *BMJ* (2012).

33 Jim Finkle and Aparajita Saxena, 'Equifax Profit Beats Street View as Breach Costs Climb', *Reuters* (1 March 2018).

34 Cathy O'Neil, *Weapons of Math Destruction* (Crown, 2016).

35 'Stat Oil', *Economist* (9 February 2013).

36 Ron Lieber, 'American Express Kept a (Very) Watchful Eye on Charges', *New York Times* (30 January 2009).

37 Robinson Meyer, 'Facebook's New Patent, "Digital Redlining", and Financial Justice' *The Atlantic* (25 September 2015).

38 'Stat Oil', *Economist* (9 February 2013).

39 Chris Anderson, 'The End of Theory', *Wired* (23 June 2008).

40 Jesse Frederik, 'In de economie valt een appel niét altijd naar beneden (ook al zeggen economen vaak van wel)' ('In the Economy, the

2015.

38 Roz Pidcock, 'How Do Scientists Measure Global Temperature', *CarbonBrief* (16 January 2015).

39 'GISS Surface Temperature Analysis', *data.giss.nasa.gov* (2018年1月8日に閲覧).

40 Roz Pidcock, 'Scientists Compare Climate Change Impacts at 1.5C and 2C', *CarbonBrief* (21 April 2016).

41 この数字は「移動平均」。5年間の平均を1年ごとに計測している。

42 'Statement by Darrell Huff ', *Truth Tobacco Industry Document.*

43 Ronald Fisher, *Smoking. The Cancer Controversy: Some Attempts to Assess the Evidence* (F.R.S. Oliver and Boyd, 1959).

44 David Salsburg, *The Lady Tasting Tea* (A.W.H. Freeman, 2001).

45 David Roberts,'The 2 Key Points Climate Skeptics Miss', *Vox.com* (11 December 2015).

46 Claude Teague, 'Survey of Cancer Research' (1953).

47 'WHO Statement on Philip Morris Funded Foundation for a Smoke-Free World', World Health Organization (28 September 2017).

48 Naomi Oreskes and Erik Conway, *Merchants of Doubt: How a Handful of Scientists Obscured the Truth on Issues from Tobacco Smoke to Global Warming* (Bloomsbury, London, 2012).

49 Martijn Katan,'Hoe melkvet gezond wordt' ('How Milk Fat Becomes Healthy'), *mkatan.nl* (30 January 2010).

50 Christie Aschwanden, 'There's No Such Thing As"Sound Science"', *FiveThirtyEight* (6 December 2017).

51 デーヴィッド・ドーブの息子との個人的な会話。Robert Proctor, *Golden Holocaust: Origins of the Cigarette Catastrophe and the Case for Abolition* (University of California Press, 2011)に登場する。

52 Alex Reinhart, 'Huff and Puff ', *Significance* (October 2014).

5章　「ビッグデータ」は疑わしい

1 ジェニファーの物語は以下を参照した。TED Talk by Shivani Siroya: 'A Smart Loan for People with No Credit History (Yet)', *TED.com* (February 2016).

2 この章では以下の書籍を大いに参考にさせてもらった。Cathy O'Neil, 『*Weapons of Math Destruction*』 (Crown, 2016).(『あなたを支配し、社会を破壊する、AI・ビッグデータの罠』インターシフト)

3 Sean Trainor, 'The Long, Twisted History of Your Credit Score', *Time* (22 July 2015).

4 数字は顔認証にも使われている。認証には顔の計測も含まれるため。

5 'Data Never Sleeps 5.0', *domo.com* (2018年8月14日に閲覧).

6 Brian Resnick, 'How Data Scientists Are Using AI for Suicide Prevention', *Vox.com* (9 June 2018).

7 Celine Herweijer, '8 Ways AI Can Help Save the Planet', *World Economic Forum* (24 January 2018).

8 'No Longer Science Fiction, AI and Robotics Are Transforming Healthcare', *PWC Global* (2018年8月15日に閲覧).

9 Mallory Soldner, 'Your Company's Data Could End World Hunger', *TED.com* (September 2016).

10 Louise Fresco, 'Zeg me wat u koopt en ik zeg wat u stemt' ('Tell Me What You Buy and I will Tell You How You Vote'), *NRC* (16 November 2016).

11 Marc Hijink, 'Hoe bepaalt de verzekeraar hoe veilig jij rijdt?' ('How Does Your Insurer Decide How Safe Your Driving is?'), *NRC* (5 April 2018).

12 Maurits Martijn,'Baas Belastingdienst over big data:"Mijn missie is gedragsver- andering"' ('Tax Authorities Chief: "My Mission Is Behavioural Change"'), *De Correspondent* (21 April 2015).

13 Julia Dressel and Hany Farid, 'The Accuracy, Fairness, and Limits of Predicting Recidivism',

18 Brian Wansink, David Just and Collin Payne, 'Can Branding Improve School Lunches?', *Archives of Pediatrics and Adolescent Medicine* (October 2012).

19 Brian Wansink and Koert van Ittersum, 'Portion Size Me: Plate-Size Induced Consumption Norms and Win-Win Solutions for Reducing Food Intake and Waste', *Journal of Experimental Psychology: Applied* (December 2013).

20 Stephanie Lee, 'Here's How Cornell Scientist Brian Wansink Turned Shoddy Data into Viral Studies about How We Eat', *BuzzFeed News* (25 February 2018).

21 Archibald Cochrane and Max Blythe, *One Man's Medicine* (BMJ Books, London,1989).

22 この研究については「Deze statistische fout wordt in bijna elk debat gemaakt (en zo pik je haar eruit)」(この種の統計的な間違いはほぼすべての議論に現れる(そしてこれが間違いを見つける方法だ))という記事に書いた。『*De Correspondent*』2016年3月8日掲載。

23 'Borstsparende therapie bij vroege borstkanker leidt tot betere overleving' ('Lumpectomy in Early Breast Cancer Leads to Better Survical Chances') *IKNL* (10 December 2015).

24 この報告の概要は以下を参照。'Is borstsparend opereren en bestralen beter dan amputeren?' ('Is a Lumpectomy Combined with Radiotheray Better than a Mastectomy?'), *Borstkankervereniging Nederland (Netherlands Breast Cancer Association)* (15 December 2015).

25 Marissa van Maaren, Linda de Munck, Luc Strobbe and Sabine Siesling, ' Toelichting op berichtgeving over onderzoek naar borstkankeroperaties' ('Comments on Reporting on Studies into Breast Cancer Surgery'), *IKNL* (17 December 2015).

26 Ronald Veldhuizen, 'Zijn borstamputaties tóch gevaarlijker dan borstsparende operaties?' ('Are Mastectomies More Dangerous than Lumpectomies after all?'), *de Volkskrant* (17 December 2015).

27 ここでもまた第3の要因が関係している可能性がある。それは喫煙だ。喫煙者は概して痩せ型であり、それに死亡率も高い。Andrew Stokes and Samuel Preston, 'Smoking and Reverse Causation Create an Obesity Paradox in Cardiovascular Disease', *Obesity* (2015).

28 この章では主に肺がんに注目し、その他のがんや心不全など、肺がん以外の健康への悪影響は扱っていない。

29 このニュースについては著者自身のTEDxトークでも扱った。'How to Defend Yourself against Misleading Statistics in the News', *TEDx Talks* (3 November 2016).

30 'Moeten we misschien iets minder vlees eten?' ('Should we Eat a Little Less Meat?'), *Zondag met Lubach (Sunday with Lubach)*, VPRO (1 November 2015).

31 Martijn Katan, 'NRC Opinie 29-10-2015: Vleeswaren en darmkanker' ('NRC Opinion 29-10-2015: Processed Meats and Bowel Cancer'), *mkatan.nl* (29 October 2015).

32 'Q&A on the Carcinogenicity of the Consumption of Red Meat and Processed Meat', World Health Organization (October 2015).

33 Fritz Lickint, 'Tabak und Tabakrauch als ätiologischer Faktor des Carcinoms' ('Tobacco and tobacco smoke as aetiological factor of carcimoa'), *Zeitschrift for Krebsforschung und klinische Onkologie (Journal of Cancer Research and Clinical Oncology)* (December 1930).

34 Richard Doll and Austin Bradford Hill,'A Study of the Aetiology of Carcinoma of the Lung', *British Medical Journal* (1952).

35 Robert Proctor, *Golden Holocaust: Origins of the Cigarette Catastrophe and the Case for Abolition* (University of California Press, 2011).

36 タバコ業界もやむをえず資料を公開した。ウェブサイト「*Legacy Tobacco Documents Library*」ですべての資料を見ることができる。

37 'The only #climatechange chart you need to see http://natl.re/wPKpro (h/t @ PowelineUS)', @NationalReview on Twitter, 14 December

Dan Balz, '*Washington Post* – ABC News Poll: Clinton Holds Four-Point Lead in Aftermath of Trump Tape', *Washington Post* (16 October 2016)によると、誤差範囲は4%。

50 Nate Silver, 'The Real Story of 2016', *fivethirtyeight.com* (19 January 2017).

51 'NOS Nederland Kiest: De Uitslagen' ('The Netherlands Goes To the Polls, the Results'), *NOS* (18 March 2015). スタックスのコメントは2:07:50から。

52 James Jones, *Alfred C. Kinsey: A Life* (Norton, 1997).

53 John Bancroft, 'Alfred Kinsey's Work 50 Years on', in a new edition of *Sexual Behavior in the Human Female* (Indiana University Press, 1998).

54 「X氏」という呼称はJonesによるキンゼイの伝記から借用した。

55 引用の出典はJames Jones著『*Alfred C. Kinsey: A Life*』(Norton, 1997)。続く他の引用も同様。

4章 「コウノトリ」と「赤ちゃん」の不思議な関係

1 この章のタバコ業界に関する記述は以下を参照した。Robert Proctor, *Golden Holocaust: Origins of the Cigarette Catastrophe and the Case for Abolition* (University of California Press, 2011); Naomi Oreskes and Erik Conway, *Merchants of Doubt: How a Handful of Scientists Obscured the Truth on Issues from Tobacco Smoke to Global Warming* (Bloomsbury, 2012); and Tim Harford, 'Cigarettes, Damn Cigarettes and Statistics', *Financial Times* (10 April 2015).

2 Ernest Wynder, Evarts Graham and Adele Croninger,'Experimental Production of Carcinoma with Cigarette Tar', *Cancer Research* (December 1953).

3 1953年12月15日のメモ「Background Material on the Cigarette Industry Client」。タバコ業界の資料を集めた「Industry Documents Library」に収められている。

4 リゲット・アンド・マイヤーズはこの活動に興味を示さず不参加。

5 'A Frank Statement to Cigarette Smokers', 4 January 1954.

6 Naomi Oreskes and Erik Conway, *Merchants of Doubt* (Bloomsbury, London, 2012), page 15.

7 Darrell Huff, *How to Lie with Statistics* (Victor Gollancz, 1954). ここでは1991年のPenguin版を参照。

8 J. Michael Steele, 'Darrell Huff and Fifty Years of *How to Lie with Statistics*', *Statistical Science*, Institute of Mathematical Statistics (2005).

9 'NUcheckt: Helpt gin-tonic tegen hooikoorts?' ('NU checks: Is Gin and Tonic Good For Hayfever?'), *NU.nl* (3 May 2018).

10 Anouk Broersma, 'Wegscheren schaamhaar vergroot kans op soa' ('Shaving Pubic Hair Increases Your Chances of Getting an STD'), *de Volkskrant* (6 December 2016).

11 Liesbeth De Corte, 'Chocolade is wél gezond, maar enkel en alleen de pure variant' ('Chocolate is Healthy, But Only in the Dark Variety'), *AD* (5 May 2018).

12 Sumner Petroc, Vivian-Griffiths Solveiga, Boivin Jacky, Williams Andy, Venetis Christos A, Davies Aimée et al. 'The association between exaggeration in health related science news and academic press releases: retrospective observational study', *BMJ* (10 December 2014).

13 Jonathan Schoenfeld and John Ioannidis,'Is Everything We Eat Associated with Cancer? A Systematic Cookbook Review', *American Journal of Clinical Nutrition* (January 2013).

14 タコのパウルについては「Deze statistische fout wordt in bijna elk debat gemaakt (en zo pik je haar eruit)」(この種の統計的な間違いはほぼすべての議論に現れる(そしてこれが間違いを見つける方法だ))という記事にも書いた。『*De Correspondent*』2016年3月8日掲載。

15 ロトのオッズ *https://www.lottery.co.uk/lotto/odds* (最後の閲覧は2020年1月10日).

16 *www.tylervigen.com/spurious-correlations* (2018年8月3日に閲覧).

17 Randall Munroe, 'Significant', *xkcd.com*.

33 'Drug Safety: Most Drugs Withdrawn in Recent Years Had Greater Health Risks for Women', United States Government Accountability Office (19 January 2001).

34 Archibald Cochrane and Max Blythe, *One Man's Medicine* (BMJ Books, London, 1989).

35 Dana Carney, Amy Cuddy and Andy Yap, 'Power Posing: Brief Nonverbal Displays Affect Neuroendocrine Levels and Risk Tolerance', *Psychological Science* (2010).

36 Eva Ranehill, Anna Dreber, Magnus Johannesson, Susanne Leiberg, Sunhae Sul and Roberto Weber, 'Assessing the Robustness of Power Posing: No Effect on Hormones and Risk Tolerance in a Large Sample of Men and Women', *Psychological Science* (2015).2018年、カディは2人の同僚とともに、力強いポーズにはたしかにポジティブな影響があるとする研究を発表したが、他の研究者がそのデータを分析したところ、力強いポーズの効果は認められなかった。以下を参照。Marcus Crede, 'A Negative Effect of a Contractive Pose Is Not Evidence for the Positive Effect of an Expansive Pose: Commentary on Cuddy, Schultz, and Fosse (2018)', unpublished manuscript, available on *SSRN* (12 July 2018).

37 Katherine Button, John Ioannidis, Claire Mokrysz, Brian Nosek, Jonathan Flint, Emma Robinson and Marcus Munafò,'Power failure: why small sample size undermines the reliability of neuroscience', *Nature Reviews: Neuroscience* (May 2013).

38 この逸話は以下に登場する。Sarah Igo, *The Averaged American: Surveys, Citizens and the Making of a Mass Public* (Harvard University Press, Cambridge, Mass., 2007).

39 ここに登場する18,000人という数字は2つのレポートの11,000例という数字と合わないと気づいた人もいるかもしれない。キンゼイと同僚たちは18,000人にインタビューしたが、そのすべてをレポートで報告したわけではない。たとえば黒人男性や、レポートの出版後にインタビューした人の分は反映されていない。

40 技術的な説明をすると、偶然によって全体を反映しない側面が出現する可能性もたしかにあるが、無作為抽出ではそれが起こることはわかっているので、反映の正確性を数値化することができる。

41 テレビドキュメンタリーシリーズ『*American Experience*』の「Kinsey」の回で放送された内容。初回放送は2015年2月14日。

42 Richard Pérez-Peña, '1 in 4 Women Experience Sex Assault on Campus', *New York Times* (21 September 2015).「Huffington Post」に掲載されたBrian Earpの記事「1 in 4 Women: How the Latest Sexual Assault Statistics Were Turned into Click Bait by the *New York Times*」(2015年9月28日)でこの調査の存在を知った。

43 David Cantor, Reanne Townsend and Hanyu Sun, 'Methodology Report for the AAU Campus Climate Survey on Sexual Assault and Sexual Misconduct', *Westat* (12 April 2016).

44 計算は以下の通り。残りの80%が被害者だとするなら：0.2・0.25+0.8・1=0.85 (85%). 残りの80%が被害者でないなら：0.2・0.25+0.8・0=0.05 (5%).

45 誤差の範囲には無回答の分も織り込まれており、サンプルは集団を正確に反映し、質問のしかたも適切だったと想定している。

46 誤差範囲はhttps://goodcalculators.com/margin-of-error-calculator/ で計算できる。「Confidence Level」は95%、「Sample Size」は100、「Proportion Percentage」は50、「Population Size」(キンゼイの時代の人口)は60,000,000と入力して計算すると、誤差範囲は9.8%という結果になる。つまりここでのパーセンテージは、最低で40.2%、最高で59.8%だ。(この範囲に母集団の値が存在することが95%確信できる)。

47 David Weigel, 'State Pollsters, Pummeled by 2016, Analyze What Went Wrong', *Washington Post* (30 December 2016).

48 アメリカの大統領選挙は選挙人制度を用いているので、一般投票の得票数が多い候補者が必ずしも勝つとはかぎらない。

49 ここではFiveThirtyEightから最高ランクのA+の評価を得ている「ABC News/ *Washington Post*」が実施した世論調査を選んだ。Scott Clement and

12 Frederick Mosteller, *The Pleasures of Statistics: The Autobiography of Frederick Mosteller* (Springer, 2010).

13 David Spiegelhalter, *Sex by Numbers* (Profile Books, London, 2015).

14 Thomas Rueb, 'Eén op de tien wereldburgers is homoseksueel' ('One in Ten People in the World is Gay'), *nrc.nl* (24 July 2012).

15 Sarah Igo, *The Averaged American: Surveys, Citizens and the Making of a Mass Public* (Harvard University Press, Cambridge, Mass., 2007).

16 この章に登場するキンゼイの研究と3人の統計学者の物語は以下の3冊の本を参照した。James Jones, *Alfred C. Kinsey: A Life* (Norton, New York, 1997); Sarah Igo, *The Averaged American: Surveys, Citizens and the Making of a Mass Public* (Harvard University Press, Cambridge, Mass., 2007); David Spiegelhalter, *Sex by Numbers* (Profile Books, London, 2015).

17 キンゼイは自身のレポートの中で、最終的には10万人の観察が必要だと述べている。自身の研究の拡大版を発表することを望んでいたが、それは実現しなかった。

18 'The Kinsey Interview Kit', *The Kinsey Institute for Research in Sex, Gender and Reproduction* (1985).

19 傍点は引用者による。

20 David Spiegelhalter, *Sex by Numbers* (Profile Books, London, 2015).

21 これらの数字の出典は「Natsal-3-Study」。David Spiegelhalter著『*Sex by Numbers*』(Profile Books, London, 2015)第3章でこの研究が言及されている。

22 Michele Alexander and Terri Fisher, ' Truth and consequences: Using the bogus pipeline to examine sex differences in self-reported sexuality', *Journal of Sex Research* (2003). この実験はDavid Spiegelhalter著『*Sex by Numbers*』(Profile Books, London, 2015)第3章で言及されている。他の学生から見られる状況で質問を受けた学生は、セックスのパートナーの人数は平均して2.6人だった。一方で密室で質問を受けた学生の答えは平均して3.4人だった。

23 Guy Harling, Dumile Gumede, Tinofa Mutevedzi, Nuala McGrath, Janet Seeley, Deenan Pillay, Till W. Bärnighausen and Abraham J. Herbst, 'The Impact of Self-Interviews on Response Patterns for Sensitive Topics: A Randomized Trial of Electronic Delivery Methods for a Sexual Behaviour Questionnaire in Rural South Africa', *BMC Medical Research Methodology* (2017).

24 この世論調査についてはBBCラジオ4の番組「*More or Less*」で知った。番組で報道されたのは2017年12月5日の調査。ここと、続く文章で私が述べている批判は番組でも表明されている。番組司会者のTim Harfordが話を聞いたPrithwiraj Mukherjeeは自身のツイッター(@peelaraja)に「私のマーケティング研究の授業でこんな調査を作ったらすぐに落第だ」と投稿した。(2016年11月21日)

25 Jelke Bethlehem,'Terrorisme een groot probleem? Het is maar net hoe je het vraagt' ('Is Terrorism a Big Problem? It Depends How You Frame the Question'), *peilingpraktijken.nl* (2 October 2014).

26 David Spiegelhalter, *Sex by Numbers* (Profile Books, London, 2015).

27 このレポートの6ページに、この研究に参加した黒人男性はごく少数で、これだけで黒人男性について何かを述べることはできないという記述がある。

28 'Internet Users per 100 Inhabitants', *unstats.un.org* (2018年7月31日に閲覧).

29 Jeffrey Arnett, 'The Neglected 95%: Why American Psychology Needs to Become Less American', *American Psychologist* (October 2008).

30 Joseph Henrich, Steven Heine and Ara Norenzayan, 'The Weirdest People in the World?', *Behavioral and Brain Sciences* (June 2010).

31 この現象が起こるのは、おそらく現代社会に暮らす人間がビルや都市の景観など「四角い形」を見慣れているからだと考えられる。これが私たちの脳に視覚トリックを教え、ミュラー・リヤー錯視のようなことが起こる。

32 この段落と次の段落はAngela Saini著『*Inferior*』(HarperCollins Publishers, 2018)を参照している。

(Princeton University Press, 1923).

59 ビネーは哲学を学んでいるときに、ある人物から絶対に真の哲学者にはなれないと告げられた。「絶対に！」と、彼は1909年に書いている。「なんという重たい言葉だろう。どうやら近頃の思想家の中には、個人の知能は不変であり、知能が増えることはないと決めつけることで、このような嘆かわしい評決を下している者がいるようだ。われわれはこの野蛮な悲観主義に抵抗し、立ち上がらなければならない。そんな考え方には何の根拠もないことを、身をもって示さなければならない！」。Gouldの前掲書P183–184を参照。

60 ダイアン・コイル著『GDP：〈小さくて大きな数字〉の歴史』(みすず書房).

61 Malcolm Gladwell, 'None of the above', *New Yorker* (17 December 2007).傍点はグラッドウェルによる。

62 Anandi Mani, Sendhil Mullainathan, Eldar Shafir and Jiaying Zhao, 'Poverty Impedes Cognitive Function', *Science* (30 August 2013).

63 Tamara Daley, Shannon Whaley, Marian Sigman, Michael Espinosa and Charlotte Neumann, 'IQ On the Rise: The Flynn Effect in Rural Kenyan Children', *Psychological Science* (May 2003).

64 William Dickens and James Flynn, 'Black Americans Reduce the Racial IQ Gap: Evidence from Standardization Samples', *Psychological Science* (2006).

65 Angela Hanks, Danyelle Solomon, Christian Weller, Systematic Inequality: *How America's Structural Racism Helped Create the Black-White Wealth Gap*, Center for American Progress (21 February 2018).

66 Alana Semuels, 'Good School, Rich School; Bad School, Poor School', *The Atlantic* (25 August 2016); Alvin Chang, 'Living in a Poor Neighborhood Changes Everything about Your Life', *Vox.com* (4 April 2018).

67 Marianne Bertrand and Esther Duflo, 'Field Experiments on Discrimination', in *Handbook of Field Experiments* (Elsevier, 2017).

3章　サンプリングの罠

1 トルーマンはフランクリン・D・ルーズベルトの死を受けてすでに大統領だった。

2 新聞社は記者のアーサー・シアーズ・ヘニングの判断にもとづいて記事を掲載した。ヘニングは世論調査やその他の情報から選挙結果を予想した。Craig Silverman 'The Untold Story of "Dewey Defeats Truman"' *Huffington Post* (5 December 2008)を参照。

3 Michael Barbaro, 'How Did the Media – How Did We – Get This Wrong?', New York Times (9 November 2016).

4 より正確には、トランプが240人以上の選挙人を獲得したら虫を食べるとワンは言った。トランプが実際に獲得した選挙人は290人だった。Sam Wang, 'Sound Bites and Bug Bites', *Princeton Election Consortium* (4 November 2016)を参照。ワンは2016年10月19日にこのツイートを投稿した。

5 Alexandra King, 'Poll Expert Eats Bug on CNN After Trump Win', *CNN* (12 November 2016).

6 Jelke Bethlehem, 'The Rise of Survey Sampling', Statistics Netherlands (2009).

7 Tom Smith, 'The First Straw? A Study of the Origins of Election Polls', *Public Opinion Quarterly* (1990).

8 1824年の選挙は、1800年以来「初めての真剣な闘い」とSmithは主張する。1800年以降はシステムに変更が加えられ、選挙は主に市民の投票によって決められるようになった。

9 Sarah Igo, *The Averaged American: Surveys, Citizens and the Making of a Mass Public* (Harvard University Press, Cambridge, Mass., 2007).

10 世論調査のほころびが見えたのはこれが最初ではない。1936年、雑誌『*Literary Digest*』(その時点で世論調査の分野でもっとも信頼されていた)はアルフ・ランドンの勝利を予想した。ランドンは落選し、『*Literary Digest*』はその翌年に廃刊になった。

11 Alfred Kinsey, Wardell Pomeroy and Clyde Martin, *Sexual Behavior in the Human Male* (W.B. Saunders Company, 1948).

(2016年1月5日)に発表した。

41 Peter Campbell, Adrian Boyle and Ian Higginson,'Should We Scrap the Target of a Maximum Four Hour Wait in Emergency Departments?', *BMJ* (2017).

42 「グッドハートの法則」を説明するこの表現は、『*European Review*』(1997年7月)に掲載されたMarilyn Strathernの「"Improving Ratings": Audit in the British University System」から引用した。チャールズ・グッドハートは1975年の2本の記事で最初にこの法則について言及した。さらに詳しいことは、'Goodhart's Law: Its Origins, Meaning and Implications for Monetary Policy' by K. Alec Chrystal and Paul Mizen in *Central Banking, Monetary Theory and Practice* (Edward Elgar Publishing, 2003)を参照。

43 スティーヴン・J・グールド著『人間の測りまちがい』オランダ語版、Ton Maas、Frits Smeets訳(Uitgeverij Contact, Amsterdam, 1996)

44 Kevin McGrew, 'The Cattell–Horn–Carroll Theory of Cognitive Abilities', in *Contemporary Intellectual Assessment: Theories, Tests, and Issues* (The Guilford Press, 1996).

45 この段落はダイアン・コイル著『GDP:〈小さくて大きな数字〉の歴史』(みすず書房)にもとづいている。

46 センが受賞した「アルフレッド・ノーベル記念経済学スウェーデン国立銀行賞」(通称:ノーベル経済学賞)は厳密な意味ではノーベル賞ではないが、ノーベル賞として扱われることが多い。

47 *Human Development Report 2019*, United Nations Development Programme (2019). この種の数字を扱うときに忘れてはならないのは、3章で見る誤差範囲が含まれているということだ。データに「ノイズ」が含まれるため、数字が違っても統計的な差異はないと判断されることもある。

48 Jinek, KRO-NCRV (21 December 2017).

49 Maarten Back, 'AD publiceert alleen nog de 75 beste olliebollenkramen' ('AD only Publishes the 75 Best Doughnut Stalls'), *NRC* (22 December 2017).

50 Herm Joosten,' Voor patiënten is de AD ziekenhuis-lijst (vrijwel) zinloos' ('The AD Hospital Table is (Virtually) Useless for Patients'), *de Volkskrant* (10 October 2014).

51 ときには作成者も気づかないうちにモラルの選択が忍び込むこともある。経済学者のマーティン・ラヴァリオンは、HDIの研究で奇妙な結果を発見した。平均寿命が短くなっていても、収入がわずかに増えただけでHDIが高くなった国があるのだ。評価のさまざまな指標が1つの数字で表現されたため、お互いに交換可能になったことが原因だ。ラヴァリオンが自分で計算したところ、命の価値が国によって違うというバカげた結果になった。命の価値がもっとも低かったのはジンバブエで、寿命が1年延びることは50ユーロセントの価値と同じになる。一方で豊かな国では、寿命1年の値段は8,000ユーロかそれ以上に跳ね上がる。Martin Ravallion,'Troubling Tradeoffs in the Human Development Index', *Journal of Development Economics* (November 2012)を参照。

52 「飢え」の定義は以下の記事に書いた。'Waarom we veel minder weten van ontwikkelingslanden dan we denken' (なぜ私たちは発展途上国に関する知識が自分で思っているよりずっと少ないのか), *De Correspondent* (30 June 2015).

53 *The State of Food Insecurity in the World*, Food and Agriculture Organization (2012).

54 James Flynn, 'Why Our IQ Levels Are Higher than Our Grandparents', *TED.com* (March 2013).

55 それ以前の研究者もいくつかのサンプルで何かを発見したが、それを組織的に研究したのはジェームズ・フリンが最初だった。

56 いくつかの国では「反フリン効果」(IQスコアの低下)も見られる。ノルウェー人男性のIQは1975〜1990年の間低下した。Bernt Bratsberg and Ole Rogeberg, 'Flynn Effect and Its Reversal Are Both Environmentally Caused', *PNAS* (26 June 2018)を参照。

57 ヤーキーズは「moron」という言葉を「教育レベルや知能レベルが低い」という意味で用いている。これはいわゆる「知恵遅れ」という意味の単語で、現在は差別的な意味でしか使われない。

58 Carl Brigham, *A Study of American Intelligence*

いが、実際はすでに存在していたメソッドを活用している。たとえばイギリスの統計学者コリン・クラークが作成したメソッドなどだ。

22 Simon Kuznets, 'National Income, 1929–1932', *National Bureau of Economic Research* (7 June 1934).

23 厳密に言えば、当時はGDPではなくGNP(国民総生産)だった。GDPは国内で生産された財とサービスの総額であり、一方GNPはその国の国民が生産する財とサービスの総額だ。そのため、それらのサービスが国外で提供されてもGNPに含まれる。

24 たとえばオランダ首相のマルク・ルッテは、景気刺激策として増税と歳出削減を行い、不況脱出を目指した。オランダ経済政策分析局によると、GDPが最低で2四半期連続で縮小したら、その国は不況に陥ったと判断される。

25 この箇所は著者の記事「Hoe precieze cijfers ons misleiden and de geschiedenis bepalen」(数字はどのように私たちを欺き歴史を決めるのか) *De Correspondent* (1 December 2015)をもとにしている。

26 Enrico Berkes and Samuel Williamson,'Vintage Does Matter, The Impact and Interpretation of Post War Revisions in the Official Estimates of GDP for the United Kingdom', measuringworth.com (2018年8月15日に閲覧). ここで注目すべきは、毎年新しいデータセットが作られるたびに、前年との間に違いが見られるということだ。

27 Shane Legg and Marcus Hutter, 'A collection of definitions of intelligence', *Frontiers in Artificial Intelligence and Applications* (2007).

28 'Wechsler Adult Intelligence Scale', *Wikipedia* (2018年7月30日に閲覧).

29 ルリヤの物語は、ジェームズ・フリンのTEDトーク「Why Our IQ Levels Are Higher than Our Grandparents」(March 2013)で知った。ウズベキスタン訪問の記録はルリヤの自伝『*The Autobiography of Alexander Luria: A Dialogue with The Making of Mind*』(Michael Cole、Karl Levitin著)(Psychology Press, 1979, republished in 2010)で読むことができる。

30 これらの例は、1968年3月18日に行われたBobby KennedyのGDPに関するスピーチを参考にしている。

31 Anne Roeters, *Een week in kaart (A Week Charted)*, the Netherlands Institute for Social Research (Sociaal and Cultureel Planbureau, 2017).

32 Tucker Higgins,'Trump Suggests Economy Could Grow at 8 Or 9 Percent If He Cuts the Trade Deficit', *CNBC* (27 July 2018).

33 財政赤字はGDPの3%以内で、国の借金はGDPの60%以内に抑える。GDPの大きい国ほどこの要件を満たすのが簡単になる。

34 多くの民間企業や公共サービスは、研修期間の従業員の評価でIQテストかそれに類するものを含む基準を採用している。

35 スピアマンの物語はスティーヴン・J・グールド著『人間の測りまちがい』のオランダ語版(Ton Maas、Frits Smeets訳)を参照した。(Uitgeverij Contact, Amsterdam, 1996)

36 スピアマンは大量の数字を共通の「因子」に簡素化する「因子分析」を使った。彼はここで、たった1つの因子によって子どもたちの多くの違いを説明できると結論づけている。

37 スティーヴン・J・グールド著『人間の測りまちがい』オランダ語版、Ton Maas、Frits Smeets訳(Uitgeverij Contact, Amsterdam, 1996)

38 Charles Spearman, 'General Intelligence Objectively Measured and Determined', *The American Journal of Psychology* (April 1904).

39 Edwin Boring, 'Intelligence as the Tests Test It', *New Republic* (1923).

40 『*Landelijk Kader Nederlandse Politie 2003–2006 (National Dutch Police Structural Plan 2003–2006)*』に警察ごとの罰金ノルマが掲載されている。政府と警察による後の合意で罰金額のノルマは廃止されたが、罰金回数のノルマは残った。罰金ノルマは、最終的にイヴォ・オプステルテン安全司法大臣(自由民主国民党)によって廃止された。罰金ノルマについては以前に「Hoe cijferdictatuur het werk van leraren, agenten and artsen onmogelijk maakt」(数字のノルマが教師、警察、医師の仕事を耐えがたいものにする)という記事に書き、Jesse Frederikと共同で『*De Correspondent*』

2章　数字はご都合主義

1　この章で言及しているＩＱテストの歴史についてはStephen Jay Gould著『*The Mismeasure of Man*』（『人間の測りまちがい』）のTon Maas、Frits Smeets訳オランダ語版（Uitgeverij Contact, Amsterdam, 1996）が大いに参考になった。後の研究によってこの本の一部に疑問が呈されるようになったが、ＩＱテストに関する記述は問題ないとされている。この問題についてさらに知りたい人は、『*PLoS Biology*』（2011年6月7日）に掲載されたJason Lewis、David DeGusta、Marc Meyer、Janet Monge、Alan Mann、Ralph Hollowayの記事、「The Mismeasure of Science: Stephen Jay Gould versus Samuel George Morton on Skulls and Bias」、および『*PloS Biology*』（2016年4月19日）に掲載されたMichael Weisberg、Diane Paulの記事「'Morton, Gould, and Bias: A Comment on "The Mismeasure of Science"」を参照してほしい。

2　ヤーキーズのアシスタントのE.G. Boringが16万の事例を選び数字を分析した。

3　Jeroen Pen, '"Racisme? Het gaat op de arbeidsmarkt om IQ"' ('"Racism? IQ is what Counts in the Job Market"'), *Brandpunt+* (9 June 2016).

4　この段落は『*The Guardian*』（2018年3月2日）に掲載されたGavin Evansの記事「The Unwelcome Revival of "Race Science"」を参照した。

5　Margalit Fox, 'Arthur R. Jensen Dies at 89; Set Off Debate About I.Q.', *New York Times* (1 November 2012).

6　Richard Herrnstein and Charles Murray, *The Bell Curve* (Free Press, 1994).

7　Nicholas Wade, *A Troublesome Inheritance* (Penguin, London, 2014). 140人ほどの遺伝学者がウェイドに抗議の手紙を書いた。'Letters: "A Troublesome Inheritance"', *New York Times* (8 August 2014)を参照。

8　D.J. Kevles, 'Testing the army's intelligence: Psychologists and the military in World War I', *Journal of American History* (1968).

9　受け入れる移民の人数を定めた割当制を利用して巧妙に差別が行われた。割当の数は、すでに国内に居住する移民の2%と定められた。そのとき基準に用いられたのは、より近いデータの1920年の国勢調査ではなく、東ヨーロッパと南ヨーロッパの移民がまだ少なかった1890年の国勢調査だ。

10　アラン・チェイスは『*The Legacy of Malthus*』（Knopf, New York, 1977）の中で600万人と見積もっている。移民の数は1924年以前と変わらないと仮定して。

11　Andrea DenHoed,'The Forgotten Lessons of the American Eugenics Movement', *New Yorker* (27 April 2016).

12　数字の出典は『*Psychological Science*』（2006）に掲載されたWilliam DickensとJames Flynnの「Black Americans Reduce the Racial IQ Gap: Evidence from Standardization Samples」。ここでは1995年のウェクスラー成人知能検査の結果を使用した。

13　Malcolm Gladwell, 'None of the Above', *New Yorker* (17 December 2007).

14　David Reich, 'How Genetics Is Changing Our Understanding of Race', *New York Times* (23 March 2018).

15　D'Vera Cohn, 'Millions of Americans Changed their Racial or Ethnic Identity from One Census to the Next', *Pew Research Center*, 5 May 2014.

16　IQスコアを計算するには、まず母集団のテストを実施し、次に結果が平均100ポイントの「正規分布」になるように計算し直す。こうすると全体の68%が85〜115ポイントに収まる。

17　'Inkomens van personen (Individual Income)', *cbs.nl* (2018年9月6日に閲覧).

18　ビネーの物語はスティーヴン・J・グールド著『人間の測りまちがい』のオランダ語版（Ton Maas、Frits Smeets訳）を参照した。(Uitgeverij Contact, Amsterdam, 1996), pp. 195–204.

19　お金とその他の人工的な概念についての記述は、ユヴァル・ノア・ハラリ著『サピエンス全史』（河出書房新社）を参照した。

20　GDPに関する記述はダイアン・コイル著『GDP：〈小さくて大きな数字〉の歴史』（みすず書房）を参照した。

21　クズネッツはGDPの発明者と紹介されることが多

spective', *Journal of Law and Policy for the Information Society* (2015).

21 『*Humanities in Society*』(1982)に掲載された記事「Biopower and the Avalanche of Printed Numbers」から引用。ハッキングはこの記事の中で、ウィリアム・ファーと同僚が作った病気のリストも載せている。

22 ユヴァル・ノア・ハラリが『サピエンス全史』に書いた「それ(数字)は世界でもっとも支配的な言語になった」という表現に触発された。

23 Hans Nissen, Peter Damerow and Robert Englund, *Archaic Bookkeeping: Early Writing and Techniques of Economic Administration in the ancient Near East* (University of Chicago Press, 1994).

24 'Census', *Wikipedia* (2018年7月26日に閲覧).

25 Jelke Bethlehem, 'The Rise of Survey Sampling', Statistics Netherlands (2009).

26 イアン・ハッキングは『*Humanities in Society*』(1982)に掲載された記事「Biopower and the Avalanche of Printed Numbers」の中で、この時期の成長を「指数関数的」と表現した。続く記述もハッキングのこの記事を参照している。

27 'General Register Office', *Wikipedia* (2018年7月28日に閲覧).

28 Ian Hacking, 'Biopower and the Avalanche of Printed Numbers', *Humanities in Society* (1982).

29 アドルフ・ケトレーについての記述はTodd Rose著『*The End of Average*』のオランダ語版Theo van der Ster、Aad Markenstein訳『*De mythe van het gemiddelde*』(Bruna Uitgevers, 2016)を参照している。

30 ナイチンゲールはケトレーに宛てた手紙の中で彼のことを「統計学の生みの親」と呼んだ。Gustav Jahoda, 'Quetelet and the Emergence of the Behavioral Sciences', *SpringerPlus* (2015).

31 この革命でベルギーはオランダから独立する。

32 ケトレーにとっての「平均人」は、単なる統計上の存在というだけでなく、人間の理想像でもあった。

33 Stephen Stigler, 'Darwin, Galton and the Statistical Enlightenment', *Journal of the Royal Statistical Society* (2010).

34 私がアーチー・コクランを知ったのは、Philip Tetlock、Dan Gardner著『*Superforecasting*』(Random House Books, 2016)を読んだことがきっかけだった。この段落はコクランの自伝(Max Blythe共著)『*One Man's Medicine*』(BMJ Books, London, 1989)を参照している。

35 Marcus White, 'James Lind: The Man who Helped to Cure Scurvy with Lemons', BBC News (4 October 2016). 現在では、柑橘類がビタミンCを含み、壊血病の予防と治療に役立つことがわかっている。

36 'Nutritional yeast', *Wikipedia* (2018年7月26日に閲覧).

37 コクランは自伝の中で、どんな結果かは言明しなかった。

38 この描写はアーチー・コクランの自伝『*One Man's Medicine*』(BMJ Books, London, 1989)を参照している。同じ逸話はPhilip Tetlock、Dan Gardner著『*Superforecasting*』(Random House Books, 2016)にも登場する。

39 David Isaacs, 'Seven Alternatives to Evidence Based Medicine', *BMJ* (18 December 1999).

40 この現象は「認知的不協和」とも呼ばれる。

41 Vinayak Prasad、Adam Cifu著『*Ending Medical Reversal*』(Johns Hopkins University Press, Baltimore, 2015)で紹介された実験。それ以前に発表された記事によると、この研究者たちは過去10年間で科学誌に発表されたすべての記事を調査し、140の例で一般的な治療効果が認められなかったという衝撃的な発見をした。(Prasad et al., 'A Decade of Reversal: An Analysis of 146 Contradicted Medical Practices', *Mayo Clinical Proceedings*, 18 July 2013.)

42 Sanne Blauw, 'Vijf woorden die volgens statistici de wereld kunnen redden', ('Five Words which Statisticians Believe Can Save the World') *De Correspondent* (10 February 2017).

43 Anushka Asthana, 'Boris Johnson Left Isolated as Row Grows over £350m Post-Brexit Claim', *The Guardian* (17 September 2017).

44 'Called to Account', *The Economist* (3 September 2016).

はじめに 「数字は確か」と信じて疑わない人類に贈る数字の話

1 フアニータとの出会いは、以前にブログ「*Out of the Blauw*」と「Oikocredit Nederland (Oikocredit Netherlands)」にも書いた。彼女と連絡を取って承諾を得ることができなかったために、ここでは偽名を用いている。

1章 数字は「人」を動かす

1 フローレンス・ナイチンゲールの物語は、Mark Bostridge著の伝記『*Florence Nightingale – The Woman and Her Legend*』(Viking, 2008)、および『*Atlas Obscura*』(2017年5月12日)に掲載されたCara Giaimoの記事「Florence Nightingale Was Born 197 Years Ago, and Her Infographics Were Better Than Most of the Internet's」を参照した。

2 Florence Nightingale, 『*Notes on Matters Affecting the Health, Efficiency, and Hospital Administration of the British Army*』 (Harrison and Sons, London, 1858).ナイチンゲールはイギリスとフランスの統計学者が集めたデータを使用した。『*Statistics in Society*』(2013年5月)掲載の Lynn McDonald の記事「Florence Nightingale, Statistics and the Crimean War」を参照。

3 Hugh Small, 'Florence Nightingale's Hockey Stick', *Royal Statistical Society* (7 October 2010).

4 Iris Veysey, 'A Statistical Campaign: Florence Nightingale and Harriet Martineau's *England and her Soldiers*', *Science Museum Group Journal* (3 May 2016).

5 Harold Raugh, *The Victorians at War, 1815–1914: An Encyclopedia of British Military History* (ABC-CLIO, 2004).

6 Lynn McDonald, *Florence Nightingale and Hospital Reform: Collected Works of Florence* (Wilfrid Laurier University Press, 2012), page 442.

7 Hugh Small, 'Florence Nightingale's Statistical Diagrams', presentation to a Research Conference organised by the Florence Nightingale Museum, 18 March 1998.

8 出生・婚姻・死亡登記局で記録が始まったのは1811年。フランスの一部地域ではさらに早く1796年からこのシステムが導入されていた。

9 Ian Hacking, 'Biopower and the Avalanche of Printed Numbers', *Humanities in Society* (1982).

10 Meg Leta Ambrose, 'Lessons from the Avalanche of Numbers: Big Data in Historical Perspective', *Journal of Law and Policy for the Information Society* (2015).

11 この段落はユヴァル・ノア・ハラリ著『サピエンス全史』(河出書房新社)を参考にした。

12 この段落はJames Scott著『*Seeing Like a State*』(Yale University Press, New Haven, 1998)を参考にした。

13 Ken Alder, 'A Revolution to Measure: The Political Economy of the Metric System in France', in *Values of Precision* (Princeton University Press, 1995), pp. 39–71.

14 James Scott, *Seeing Like a State* (Yale University Press, New Haven, 1998).

15 Ken Alder, 'A Revolution to Measure: The Political Economy of the Metric System in France', in *Values of Precision* (Princeton University Press, 1995), pp. 39–71.

16 James Scott著『*Seeing Like a State*』(Yale University Press, New Haven,1998)の一節「中央集権的なエリートにとって、統一された単位と昔ながらの地方独自の単位の違いは、標準語と方言の違いに等しかった」に触発された表現。

17 Mars Climate Orbiter Mishap Investigation Board, *Phase I Report* (10 November 1999).

18 当時はまさに「啓蒙主義」と「科学革命」の時代であり、科学者たちは理性と普遍的な原理を信奉していた。

19 'Appendix G: Weights and Measures', *CIA World Factbook* (2018年7月26日に閲覧).

20 Meg Leta Ambrose, 'Lessons from the Avalanche of Numbers: Big Data in Historical Per-

サンヌ・ブラウ　Sanne Blauw
オランダのニュースサイト・出版社「De Correspondent」の数字特派員。
エラスムス・スクール・オブ・エコノミクスとティンベルヘン・インスティテュートで計量経済学の博士号を取得。またオランダ高等研究所で、ジャーナリストが科学研究・教育現場に長期間滞在する「ジャーナリスト・イン・レジデンス」を経験した。
初めての著作である本作はオランダでベストセラーになり、数週間にわたってベストセラーリストに掲載された。

桜田直美（さくらだ・なおみ）
翻訳家。早稲田大学第一文学部卒。
訳書に『こうして、思考は現実になる』『SUPER MTG スーパー・ミーティング』（ともに小社刊）、『アメリカの高校生が学んでいるお金の教科書』『フューチャリストの「自分の未来」を変える授業』（ともにSBクリエイティブ）、『THE CULTURE CODE 最強チームをつくる方法』『THE CATALYST 一瞬で人の心が変わる伝え方の技術』（ともにかんき出版）など多数。

The Number Bias
数字を見たときにぜひ考えてほしいこと

2021年11月15日　初版印刷
2021年11月25日　初版発行

著　者　サンヌ・ブラウ
訳　者　桜田直美
発行人　植木宣隆
発行所　株式会社サンマーク出版
〒169-0075 東京都新宿区高田馬場2-16-11
電話 03 (5272) 3166
印　刷　中央精版印刷株式会社
製　本　株式会社若林製本工場

定価はカバー、帯に表示してあります。落丁、乱丁本はお取り替えいたします。
ISBN978-4-7631-3894-1 C0030
ホームページ　https://www.sunmark.co.jp